全国电力行业"十四五"规划教材

高等教育电气与自动化类专业系列

电工实训教程

第二版

主　编　鲍洁秋

编　写　滕志飞　张　翼

主　审　赵延民

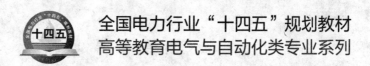

中国电力出版社
CHINA ELECTRIC POWER PRESS

内 容 提 要

本书为全国电力行业"十四五"规划教材。本书共分七章，以实用电工基础知识和电工实际操作技能为主线，系统地介绍了各类电工工具、仪表和电工材料的选择与应用；对常用低压电器元件的工作原理、设备选型和应用进行了详细的讲解；结合实训项目要求，讲解了电机控制线路和照明动力线路的设计方案、设备选型和配线工艺，并强调了操作技能要领和工作安全。

本书内容由浅入深、强化基础、注重实践、实用性强，符合普通高等院校工科类各专业的电工基础实践类课程的教学要求，能够突出学生实际操作能力的培养。

本书主要作为普通高等院校工科类各专业的电工基础实践类课程教材，也可作为用电企业工程技术人员的培训教材和参考用书，还可以作为广大电气工作者的自学教材和参考用书。

图书在版编目（CIP）数据

电工实训教程/鲍洁秋主编 . —2 版 . —北京：中国电力出版社，2022.1（2023.12 重印）
ISBN 978 - 7 - 5198 - 5732 - 5

Ⅰ.①电… Ⅱ.①鲍… Ⅲ.①电工技术－高等学校－教材 Ⅳ.①TM

中国版本图书馆 CIP 数据核字（2022）第 004459 号

出版发行：中国电力出版社
地　　址：北京市东城区北京站西街 19 号（邮政编码 100005）
网　　址：http://www.cepp.sgcc.com.cn
责任编辑：牛梦洁　代　旭
责任校对：黄　蓓　马　宁
装帧设计：郝晓燕
责任印制：吴　迪

印　　刷：三河市航远印刷有限公司
版　　次：2015 年 8 月第一版　2022 年 1 月第二版
印　　次：2023 年 12 月北京第十六次印刷
开　　本：787 毫米×1092 毫米　16 开本
印　　张：10.25
字　　数：250 千字
定　　价：30.00 元

前　言

　　本书为全国电力行业"十四五"规划教材，以强化基础、突出能力培养为目标，以注重实际应用为原则，可满足普通高等院校培养高级应用型人才的需求。通过本书的学习学生可掌握电工基础知识和电器元件基本原理，并在此基础上有效提高操作技能和综合能力，使学生拥有自行设计、安装低压电气系统以及电路故障排查和维修的能力，具备一个电气工作者的基本素质和能力。

　　本书紧紧围绕普通高等院校工科类各专业的电工基础实践类课程的教学内容进行编写，符合电工基础实习实训教学大纲的要求，内容由浅入深、强化基础、注重实践、实用性强。本书从电工基础知识开始讲解，介绍了常用电工工具、仪表和电工材料，并对常用低压电器的原理和应用进行详细讲解。结合实训项目需要，讲解了电机控制线路和照明动力线路的设计和配线方案，并强调了操作技能要领和工作安全等注意事项，内容符合行业标准和规范。

　　本书共分七章，第一章电工工具和仪表，介绍了常用电工工具的类型、使用方法，以及常用电工仪表的使用方法；第二章电工操作技能与安全用电，介绍了基本电工操作技能，并且讲解了用电安全注意事项以及触电急救方法；第三章电工材料及其应用，全面地介绍了电工线材的类别和选型，以及电工绝缘材料的种类和应用；第四章低压电器及其应用，介绍了几种常用的低压电器元件的工作原理、型号特点和应用选择；第五章电机控制线路设计与配线，介绍了几种常用的电机控制回路，给出电路控制原理图和设备选型表，并对电路的调试和注意事项进行了说明；第六章照明动力线路设计与安装，介绍了常用的照明线路设计方案和电能计量线路的设计方案，并对电器元件的选择和布线安装进行了讲解；第七章电气故障检修，介绍了电气线路运行常见故障以及基本检修措施。

　　本书由沈阳工程学院鲍洁秋主编，第一、三、四章由鲍洁秋编写，第五、七章由滕志飞编写，第二、六章由张翼编写，全书由鲍洁秋统稿。在编写过程中，参阅了大量正式出版的文献和资料，在此谨向这些文献作者表示衷心感谢。

　　沈阳工程学院赵延民为本书主审，对初稿提出了宝贵的修改意见和建议，在此表示衷心感谢。

　　由于编写人员水平有限，书中难免存在疏漏之处，诚盼读者批评指正。

编者

2021 年 5 月于沈阳

目　录

第一章 电工工具和仪表

电工工具是电气工作者使用的工具，正确的使用工具能提高工作效率，更加安全地作业，因此要求每一位电气工作者必须掌握电工工具的结构、性能和正确的使用方法。

电工常用仪表是指用来测量电流、电压、电功率以及电阻、电容和电感等仪表。在电气线路和用电设备的安装、使用与维修中，电工仪表对整个电气系统的检测和监视起着极为重要的作用，所以每个电气工作者应掌握常用电工仪表的安装和使用。

第一节 电工工具及其使用

一、钢丝钳

钢丝钳（又名克丝钳）是电工用于剪切或夹持导线、金属丝、工件的常用钳类工具。电工用钢丝钳柄部加有耐压 500V 以上的塑料绝缘套。

1. 钢丝钳的结构及用途

电工钢丝钳由钳头和钳柄两部分组成。钳头由钳口（钳尖和钳嘴）、齿口（夹管口）、刀口部分组成。其中钳口用于弯绞线头或其他金属、非金属体；齿口用于紧固或旋动螺钉螺母；刀口用于切断电线、起拔铁钉、剥削导线绝缘层等，其结构如图 1-1 所示。

2. 电工钢丝钳的使用注意事项

（1）使用电工钢丝钳操作以前，必须检查绝缘柄的绝缘是否完好，如果是带电作业绝缘套破损的钢丝钳严禁使用，以免发生触电危险。

（2）用电工钢丝钳剪切带电的导线时，不得用刀口同时剪切相线和中性线（先断相线、后断中性线），以免发生短路故障。

（3）带电工作时注意钳头金属部分与带电体的安全距离。

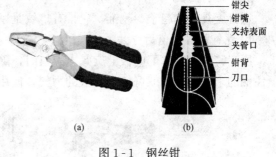

图 1-1 钢丝钳
(a) 实物图；(b) 结构图

钳尖
钳嘴
夹持表面
夹管口
钳背
刀口

(a)   (b)

二、尖嘴钳

尖嘴钳（又名修口钳）其结构是钳的头部尖细，它除头部形状与钢丝钳不完全相同外，其功能相似。适用于在狭小的工作空间操作。尖嘴钳绝缘柄的耐压为 500V，它主要用于切断较细的导线、金属丝，夹持小螺钉、垫圈，并可将导线端头弯曲成型。其形状如图 1-2 所示。

三、斜嘴钳

斜嘴钳（又称扁口钳）主要用于剪断单股导线或多股细导线。其柄部有铁柄、管柄和绝缘柄三种形式，电工常用绝缘柄形式的，其绝缘柄的耐压为 500V，如图 1-3 所示。

图1-2　尖嘴钳　　　　　　　　图1-3　斜嘴钳

四、剥线钳

剥线钳是用于剥削 2.5mm² 以下小直径导线绝缘层的专用工具，主要由钳头和手柄组成，剥线钳的钳口工作部分有 7 个不同孔径的切口，以便剥削不同规格的线芯绝缘层。剥线时为了不损伤线芯，应放在大于线芯的切口上剥削，如图1-4所示。

(a)　　　　　　　　　　　　　(b)

图1-4　剥线钳
(a) 剪刀式剥线钳；(b) 弹力剥线钳

五、螺钉旋具

螺钉旋具又称起子、改锥，它带有螺纹是一种固定或拆卸螺钉的工具，如图1-5所示。

1. 螺钉旋具的使用方法

用螺钉旋具在木配电板上旋紧木螺钉时，除大拇指、食指和中指夹住握柄外，手掌还要顶住柄的末端，这样就可使出较大的力气，使用方法如图1-6所示。

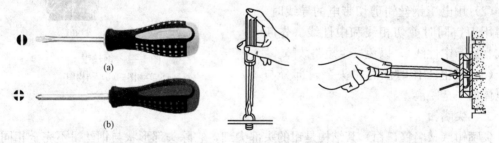

图1-5　螺钉旋具　　　　　　图1-6　螺钉旋具的使用方法
(a) "一"字螺钉旋具；(b) "十"字螺钉旋具

2. 使用螺钉旋具的安全注意事项

（1）电工不得使用金属杆直通手柄的螺钉旋具，否则容易造成触电事故。

（2）用螺钉旋具紧固或拆卸带电的螺钉时，手不得触及螺钉旋具的金属杆，以免发生触电事故。

（3）为了避免螺钉旋具的金属杆触及皮肤或邻近的带电体，应在金属杆上套上绝缘管。

六、活扳手

活扳手又叫活络扳手，它是用来紧固和起松螺母的一种专用工具。

1. 活扳手的结构

活扳手由头部和柄部组成。头部由活扳唇、呆扳唇、扳口、蜗轮和轴销等构成，旋动蜗轮可调节扳口的大小，如图1-7所示。使用时，右手握手柄。手越靠后，扳动起来越省力。

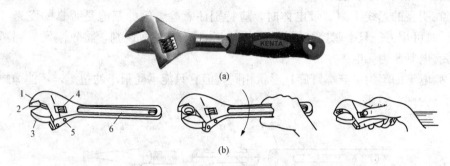

图 1-7 活扳手
(a) 实物图；(b) 操作分解图
1—呆扳唇；2—扳口；3—活扳唇；4—蜗轮；5—轴销；6—手柄

2. 活扳手的使用方法

扳动较大螺母时，所需力矩较大，手应握在活络扳手手柄尾部。扳动小螺母时，因需要不断地转动蜗轮，调节扳口的大小，所以手应握在靠近呆扳唇，并用大拇指调节蜗轮，以适应螺母的大小。活络扳手的扳口夹持螺母时，呆扳唇在上，活扳唇在下。活扳手切不可反过来使用。在扳动生锈的螺母时，可在螺母上滴几滴煤油或机油，以方便拧动。在拧不动时，切不可采用钢管套在活络扳手的手柄上来增加扭力，因为这样极易损伤活扳唇。不得把活络扳手当锤子用。

七、验电器

验电器是检验线路和电气设备是否带电的一种常用电工工具，分低压验电器和高压验电器两种。

1. 低压验电器

低压验电器又称验电笔，有钢笔式和螺钉旋具式。如图1-8所示。低压验电器的前端是金属探头，后部是塑料外壳，壳内装有氖泡、安全电阻和弹簧，笔尾端有金属端盖或钢笔型金属笔挂，作为使用时手必须触及的金属部分。低压验电器测量电压范围在60~500V之间，低于60V时低压验电器的氖泡可能不会发光，高于500V不能用低压验电器来测量，否则容易造成人身触电。当低压验电器的笔尖触及带电体时，带电体上的电压经验电笔的笔尖（金属体）、氖泡、安全电阻、弹簧及笔尾端的金属体，再经过人体接入大地形成回路。若带电体与大地之间的电压超过60V，验电笔中的氖泡便会发光，指示被测带电体有电。使用验电笔时，应注意以下事项：

（1）使用验电笔之前，首先要检查验电笔里有无安全电阻，再直观检查验电笔是否有损坏，有无受潮或进水，检查合格后才能使用。

（2）使用验电笔时，不能用手触及验电笔前端的金属探头，这样做会造成人身触电事故。

（3）使用验电笔时，一定要用手触及验电笔尾端的金属部分，否则，因带电体、验电笔、人体与大地没有形成回路，验电笔中的氖泡不会发光，造成误判，认为带电体不带电，这是十分危险的。

（4）在测量电气设备是否带电之前，先要找一个已知电源测一测验电笔的氖泡能否正常发光，能正常发光，才能使用。

（5）在明亮的光线下测试带电体时，应特别注意验电笔的氖泡是否真的发光（或不发光），必要时可用另一只手遮挡光线仔细判别。千万不要造成误判，将氖泡发光判断为不发光，而将有电判断为无电。

（6）验电笔的笔尖虽与螺钉旋具形状相同，但它只能承受很小的扭矩，不能像螺钉旋具那样使用，否则会损坏。

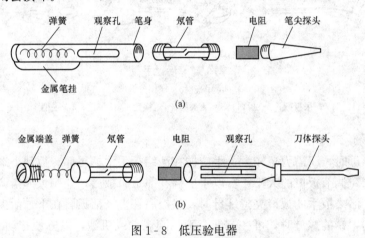

图 1-8　低压验电器
(a) 钢笔式；(b) 螺钉旋具式

使用低压验电器时，必须按照如图 1-9 所示的正确方法操作。注意手指必须接触笔尾的金属体（钢笔式）或测电笔顶部的金属端盖（螺钉旋具式），使电流由被测带电体和人体与大地构成回路。只要被测带电体与大地之间电压超过 60V 时，氖泡就会起辉发光，观察时应将氖泡窗口背光朝着自己。

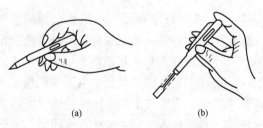

图 1-9　低压验电器的握法
(a) 钢笔式握法；(b) 螺钉旋具式握法

低压验电器的使用方法有以下几点：

（1）用低压验电器分别测试交流电源的相线和中性线，观察氖泡的发光情况。正常情况下，测试的是相线（火线），氖泡发光；测试的是中性线（零线），氖泡不发光。

（2）用低压验电器区别直流电与交流电。分别用低压验电器测试直流电源和交流电源，可以观察到，当交流电通过验电器时，氖泡里两个极同时亮；直流电通过验电器时，氖泡里两个极只有一个极亮（负极）。

（3）正负极接地的区别。发电厂和电网的直流系统是对地绝缘的，人站在地上，用验电笔去触及系统的正极或负极，氖泡是不应该发光的。如果发光，说明系统有接地现象。如亮点在靠近笔尖一端，则是正极有接地现象。如果亮点在靠近手指的一端，则是负极有接地现象。若接地现象微弱，不能达到氖泡的起辉电压时，虽有接地现象，氖泡仍不会发光。

（4）电压高低的区别。可以根据验电笔氖泡发光的强弱来估计电压的大约数值。因为在验电笔的使用电压内，电压越高，氖泡越亮。

（5）相线碰电气设备外壳。用验电笔触及电气设备的外壳（如电动机、变压器外壳等），若氖泡发光，则是相线与壳体相接触（或绝缘不良），说明该设备有漏电现象，如果在壳体上有良好的接地装置，氖灯不会发光。

（6）用低压验电器识别相线接地故障。在三相四线制线路，发生单相接地后，用验电器测试中性线，氖泡会发光；在三相三线制星形联结的线路中，用验电器测试三根相线，如果两相很亮，另一相不亮，则这一相有接地故障。

2. 高压验电器

高压验电器分发光型、声光型、风车型三类，适用于 6、10、35、110、220、500kV 交流输配电线路和设备的验电，无论是白天或夜晚、室内变电站或室外架空线上，都能正确的判断被测设备是否带电，所以高压验电器是电力系统和工矿企业电气部门必备的安全用具。

高压验电器使用注意事项：

（1）高压验电器在使用前，应先在确认有电的带电体上进行试验，检查其是否能正常验电，以免因氖泡损坏，在检验中造成误判，危及人身或设备安全。凡是性能不可靠的验电器一律不准使用。另外要防止验电器受潮或强烈振动，而且平时不得随便拆卸验电器。

（2）使用验电器时，应逐渐靠近被测物体，直至氖泡发光；只有氖泡不亮时，才可与被测物体直接接触。

（3）室外使用高压验电器，必须在气候条件良好的情况下；雪、雨、雾及湿度较大的天气不宜使用，以防发生危险。

（4）使用高压验电器时必须戴符合耐压要求的绝缘手套，不可一人单独测试，身旁要有人监护，测试时要防止发生相间或对地短路事故，人体与带电体应保持足够的安全距离。10kV 及以下电压安全距离为 0.7m 以上。

使用高压验电器时，应特别注意手握部位不得超过护环如图 1-10 所示。

八、绝缘棒

绝缘棒俗称令克棒，一般用电木、胶木、塑料、环氧玻璃布棒或环氧玻璃布管制成。在结构上可分为工作部分、绝缘部分和手握部分，如图 1-11 所示。

1. 绝缘棒规格与参数

绝缘棒用以操作高压跌落式熔断器、单极隔离开关、柱上油断路器及装卸临时接地线等，在不同工作电压的线路上使用的绝缘棒可按表 1-1 选用。

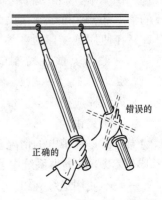

错误的

正确的

图 1-10 高压验电器的使用

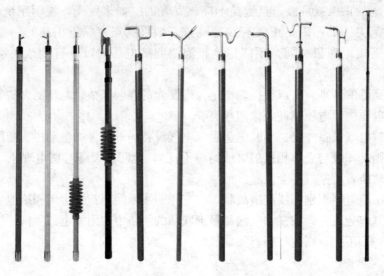

图 1 - 11　绝缘棒

表 1 - 1　　　　　　　　　　　　　　　　　绝缘棒规格与参数

规格	棒长		工作部分长度 L_3（mm）	绝缘部分长度 L_2（mm）	手握部分长度 L_1（mm）	棒身直径 D（mm）	钩子宽度 B（mm）	钩子终端直径 d（mm）
	全长 L（mm）	节数						
500V	1640	1		1000	455			
10kV	2000	2	185	1200	615	38	50	13.5
35kV	3000	3		1950	890			

2. 绝缘棒使用时注意事项

（1）操作前，棒表面应用清洁的干布擦净，使棒表面干燥、清洁。

（2）操作时应戴绝缘手套，穿绝缘靴或站在绝缘垫（台）上。

（3）操作者的手握部位不得越过隔离环。

（4）绝缘棒的型号、规格必须符合规定，切不可任意取用。

（5）在下雨、下雪或潮湿的天气，室外使用绝缘棒时，棒上应装有防雨的伞形罩，使绝缘棒的伞下部分保持干燥。没有伞形罩的绝缘棒，不宜在上述天气中使用。

（6）在使用绝缘棒时要注意防止碰撞，以免损坏表面的绝缘层。绝缘棒应存放在干燥的地方，一般将其放在特制的架子上。绝缘棒不得与墙或地面接触，以免碰伤其绝缘表面。

（7）绝缘棒应按规定进行定期绝缘试验。

九、绝缘夹钳

绝缘夹钳是在带电的情况下，用来安装或拆卸高压熔断器或执行其他类似工作的工具。在 35kV 及以下的电力系统中，绝缘夹钳列为基本安全用具之一。但在 35kV 以上的电力系统中，一般不使用绝缘夹钳。

1. 绝缘夹钳结构

绝缘夹钳与绝缘棒一样也是用电木、胶木或在亚麻仁油中浸煮过的木材制成。它的结构包括三部分，即工作部分、绝缘部分与手握部分，如图1-12所示。

2. 绝缘夹钳使用时注意事项

（1）操作前，绝缘夹钳的表面应用清洁的干布擦拭干净，使钳的表面干燥、清洁。

（2）操作时，应戴上绝缘手套，穿上绝缘靴及戴上防护眼镜，必须在切断负载的情况下进行操作。

图1-12 绝缘夹钳

（3）在潮湿天气中，只能使用专门的防雨夹钳。

（4）绝缘夹钳必须按规定进行定期试验。

十、导线压接钳

导线压接钳是一种用冷压的方法来连接铜、铝导线的五金工具，特别是在铝绞线和钢芯铝绞线敷设施工中要常用到。

导线压接钳可分为手压和油压两类。导线截面积为35mm²及以下用手压钳，35mm²以上用油压钳。随着机械制造工业的发展，电工可采用的机械工具越来越多，使用这些工具不仅能大大降低劳动强度，而且能成倍的提高工作效率，所以电工有必要了解、掌握这些工具，要善于运用这些先进工具。

1. 手握型压线钳

阻尼式手握型压力钳如图1-13所示，是适用于单芯铜、铝导线用压线帽进行钳压连接的手动工具。

使用时注意事项：

（1）根据导线和压线帽规格选择合适的压模块。

（2）为了便于压实导线，压线帽内应填实，可用同材质同线径的线芯插入压线帽内填补，也可用线芯剥出后回折插入压线帽内。

2. 手提式油压钳

截面积16mm²及以上的铜、铝绞线，可采用手提式油压钳压接，其外形如图1-14所示。

十一、电工工具夹

电工工具夹是电工用来盛装随身携带最常用工具的器具，形状如图1-15所示。使用时用皮带系结在腰间。

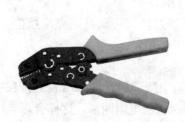  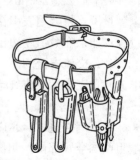

图1-13 阻尼式手握型压线钳　　图1-14 手提式油压钳　　图1-15 电工工具夹

第二节　电工仪表及其使用

一、数字万用表

数字万用表属于比较简单的测量仪器，量程多易操作。数字万用表有自动选择量程形式和手动选择量程形式，自动选择量程形式万用表外形如图 1-16 所示，其使用方法十分简单，不需要使用者考虑被测量幅值大小及单位的问题。相对来说手动选择量程形式的数字万用表使用方法稍显复杂，其具体使用方法如下：

图 1-16　自动选择量程万用表

1—4000 位液晶显示屏；2—模式按钮
（选择持续测量/二极管/电容/电阻/AC/DC/频率/占空比）；
3—量程按钮；4—功能选择旋盘；5—10A 正极插孔；
6—COM 负极插孔；7—正极插孔〔电压/电流（μA、mA）
电阻/电容/二极管/占空比/温度/频率〕；
8—数据保持按键；9—相对值按钮

1. 电压的测量

（1）直流电压的测量。首先将黑表笔插进"com"孔，红表笔插进"VΩ"。把旋钮选到比估计值大的量程（注意：表盘上的数值均为最大量程，"V−"表示直流电压挡，"V∼"表示交流电压挡，"A"是电流挡），接着把表笔接电源或电池两端；保持接触稳定。数值可以直接从显示屏上读取，若显示为"1."，则表明量程太小，那么就要加大量程后再测量工业电器。如果在数值左边出现"—"，则表明表笔极性与实际电源极性相反，此时红表笔接的是负极。

（2）交流电压的测量。表笔插孔与直流电压的测量一样，不过应该将旋钮打到交流挡"V∼"处所需的量程即可。交流电压无正负之分，测量方法跟前面相同。无论测交流电压还是直流电压，都要注意人身安全，

不要随便用手触摸表笔的金属部分。

2. 电流的测量

（1）直流电流的测量。先将黑表笔插入"COM"孔。若测量大于 200mA 的电流，则要将红表笔插入"10A"插孔并将旋钮打到直流"10A"挡；若测量小于 200mA 的电流，则将红表笔插入"200mA"插孔，将旋钮打到直流 200mA 以内的合适量程。调整好后，就可以测量了。将万用表串接在电路中，保持稳定，即可读数。若显示为"1."，那么就要加大量程；如果在数值左边出现"—"，则表明电流从黑表笔流进万用表。

（2）交流电流的测量。测量方法与直流电流的测量相同，不过挡位应该打到交流挡位，电流测量完毕后应将红笔插回"VΩ"。

3. 电阻的测量

将表笔插进"COM"和"VΩ"孔中，把旋钮打旋到"Ω"中所需的量程，用表笔接在电阻两端金属部位，测量中可以用手接触电阻，但不要把手同时接触电阻两端，这样会影响测量精确度，因为人体的电阻很大。读数时，要保持表笔和电阻有良好的接触；应注意单位：在"200"挡时单位是"Ω"，在"2k"∼"200k"挡时单位为"kΩ"，"2M"以上的单

位是"MΩ"。

4. 二极管的测量

数字万用表可以测量发光二极管、整流二极管。测量时，表笔位置与电压测量一样，将旋钮旋到"hFE"挡；用红表笔接二极管的正极，黑表笔接负极，这时会显示二极管的正向压降。肖特基二极管的压降是 0.2V 左右，普通硅整流管（1N4000、1N5400 系列等）约为 0.7V，发光二极管为 1.8～2.3V。调换表笔，显示屏显示"1."则为正常，因为二极管的反向电阻很大，否则此管已被击穿。

5. 三极管的测量

表笔插接位置同上，其原理同二极管。先假定 A 脚为基极，用黑表笔与该脚相接，红表笔与其他两脚分别接触，若两次读数均为 0.7V 左右，然后再用红笔接 A 脚，黑笔接触其他两脚，若均显示"1."，则 A 脚为基极，否则需要重新测量，且此管为 PNP 管。关于集电极和发射极我们可以利用"hFE"挡来判断，先将挡位打到"hFE"挡，可以看到挡位旁有一排小插孔，分为 PNP 和 NPN 管的测量。前面已经判断出管型，将基极插入对应管型"b"孔，其余两脚分别插入"c""e"孔，此时可以读取数值，即 β 值；再固定基极，其余两脚对调；比较两次读数，读数较大的管脚位置与表面"c""e"相对应。

6. 万用表使用注意事项

（1）多数仪表所测量的交流电压峰值不得超过 700V，直流电压不得超过 1000V。交流电压频率响应：700V 量程为 40～100Hz，其余量程为 40～400Hz。

（2）切勿在电路带电情况下测量电阻。不要在电流挡、电阻挡、二极管挡和蜂鸣器挡测量电压。

（3）仪表在测试时，不能旋转功能转换开关，特别是高电压和大电流时，严禁带电转换量程。

（4）当屏幕出现电池符号时，说明电量不足，应更换电池。

（5）电路实验中一般不用万用表测量电流。

（6）在每次测量结束后，应把仪表关掉。

二、钳形电流表

钳形电流表简称钳形表，分高、低压两种，用于在不拆断线路的情况下直接测量线路中的电流。钳形表可以通过转换开关的拨挡，改换不同的量程。但拨挡时不允许带电进行操作。钳形表一般准确度不高，通常为 2.5～5 级。为了使用方便，表内还有不同量程的转换开关供测不同等级电流以及测量电压的功能。钳形表最初是用来测量交流电流的，但是现在万用表有的功能它也都有，可以测量交直流电压、电流，电容容量，二极管，三极管，电阻，温度，频率等。

1. 钳形电流表结构与原理

钳形电流表实质上是由一只电流互感器、钳形扳手和一只整流式磁电系有反作用力的仪表所组成。其结构如图 1-17 所示。钳形表的工作原理和变压器一样。初级线圈就是穿过钳形铁芯的导线，相当于 1 匝的变压器的一次线圈，这是一个升压变压器。二次线圈和测量用的电流表构成二次回路。当导线有交流电流通过时，就是这一匝线圈产生了交变磁场，在二次回路中产生了感应电流，电流的大小和一次电流的比例，相当于一次和二次线圈匝数的反比。钳形电流表用于测量大电流，如果电流不够大，可以将一次导线增加圈数后通过钳形表，同时将测得的电流数除以圈数。钳形电流表的穿心式电流互感器的二次侧绕组缠绕在铁芯上且与交流电流表相连，它的一次侧绕组即为穿过互感器中心的被测导线。旋钮实际上是一个量程选择开关，扳手的作用是开合穿心式互感器铁芯的可动部分，以便使其钳入被测导线。

　　测量电流时，按动扳手，打开钳口，将被测载流导线置于穿心式电流互感器的中间，当被测导线中有交变电流通过时，交流电流的磁通在互感器二次侧绕组中感应出电流，该电流通过电磁式电流表的线圈，使指针发生偏转，在表盘标度尺上指出被测电流值。钳形表有模拟指针式和数字式两种，数字式钳形电流表如图 1-18 所示。

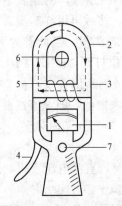

图 1-17　交流钳形电流表结构示意图

1—电流表；2—电流互感器；3—铁芯；4—手柄；
5—二次侧绕组；6—被测导线；7—量程选择开关

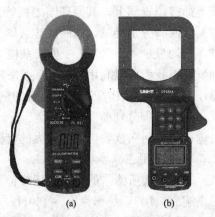

图 1-18　数字式钳形电流表的外形

（a）小口径钳形电流表；（b）大口径钳形电流表

　　2. 钳形电流表使用注意事项

　　（1）使用高压钳形表时应注意钳形电流表的电压等级，严禁用低压钳形表测量高电压回路的电流。用高压钳形表测量时，应戴绝缘手套，站在绝缘垫上，不得触及其他设备，以防止短路或接地。

　　（2）观测表计时，要特别注意保持头部与带电部分的安全距离，人体任何部分与带电体的距离不得小于钳形表的整个长度。

　　（3）在高压回路上测量时，禁止用导线从钳形电流表另接表计测量。测量高压电缆各相电流时，电缆头线间距离应在 300mm 以上，且绝缘良好，在认为测量方便时，方能进行。

　　（4）测量低压熔断器或水平排列低压母线电流时，应在测量前将各相熔断器或母线用绝缘材料加以保护隔离，以免引起相间短路。

　　（5）当电缆有一相接地时，严禁测量。防止出现因电缆头的绝缘水平低发生对地击穿爆炸而危及人身安全。

　　（6）钳形电流表测量结束后把开关拨至最大量程挡位，以免下次使用时不慎过流，并应保存在干燥的室内。

　　三、绝缘电阻表

　　绝缘电阻表（又称为兆欧表）是用来测量大电阻和绝缘电阻的专用仪器，绝缘电阻表分为手摇式绝缘电阻表（又称为摇表）和数字式绝缘电阻表，其外形如图 1-19 所示。手摇式绝缘电阻表由一个手摇发电机和一个磁电式比率表两大部分构成。手摇直流发电机提供一个便于携带的高电压测量电源，电压范围在500～5000V之间。磁电式比率表是测量两个电流比值的仪表，由电磁力产生反作用力矩来测量电器设备的绝缘电阻值。根据其测量结果，可以简单地鉴别电气设备绝缘的好坏。常用绝缘电阻表的额定电压为500、1000、2500V等几种，其标度尺单位是"兆欧"（MΩ）。

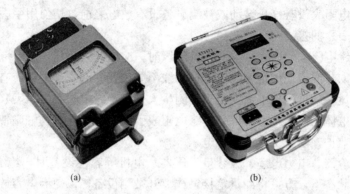

(a)　　　　　　　　　　(b)

图1-19　绝缘电阻表
(a) 手摇式绝缘电阻表；(b) 数字式绝缘电阻表

1. 绝缘电阻表（摇表）的使用方法

绝缘电阻表（摇表）有三个接线端子，一个标有"线路"或"L"的端子（也称相线），该端子接于被测设备的导体上，另一个标有"地"或"E"的端子接于被测设备的外壳或接地；第三个标有"屏蔽"或"G"端子接于测量时需要屏蔽的电极。

（1）绝缘电阻表（摇表）选择。要根据所测量的电气设备选用绝缘电阻表（摇表）的最高电压和测量范围。测量额定电压在500V以下的设备时，应选用500～1000V绝缘电阻表（摇表）；额定电压500V以上时，应选用1000～2500V的绝缘电阻表（摇表）。

（2）绝缘电阻表（摇表）的操作。

1）使用前要检查指针的"0"与"∞"位置是否正确。检查方法是，先使"L""E"两端子开路，将绝缘电阻表（摇表）放在适当的水平位置，摇动手柄至发电机额定转速（一般为120r/min）后，指针应指在"∞"位置上。如不能达到"∞"，说明测试用引线绝缘不良或绝缘电阻表本身受潮。应用干燥清洁的软布，擦拭"L"端与"E"端子间的绝缘，必要时将绝缘电阻表（摇表）放在绝缘垫上，若还达不到"∞"值，则应更换测试引线。然后再将"L""E"两端子短路，轻摇发电机，指针应指在"0"位置上。如指针不指零，说明测试引线未接好或绝缘电阻表（摇表）出问题了。

2）绝缘电阻表（摇表）的测试引线应选用绝缘良好的多股软线，"L""E"两端子引线应独立分开，避免缠绕在一起，以提高测试结果的准确性。

3）在摇测绝缘时，应使绝缘电阻表（摇表）保持额定转速，一般为120～150r/min，测试开始时先将"E"端子引线与被测设备外壳与地相连接，待转动摇柄至额定转速后再将"L"端子引线与被测设备的测试极相碰接，待指针稳定后（一般为1min），读取并记录电阻值。在整个测试过程中摇柄转速应保持恒定匀速，避免快慢不均。

2. 绝缘电阻表（摇表）使用注意事项

（1）绝缘电阻表（摇表）的发电机电压等级应与被测物的耐压水平相适应，以避免被测物的绝缘击穿。

（2）禁止摇测带电设备，双回路架空线路或母线，当一路带电时，不得测量另一路的绝缘电阻，以防高压的感应电危害人身和仪表的安全。

（3）严禁在有人工作的线路上进行测量工作，以免危害人身安全。雷电时禁止用绝缘电阻表（摇表）在停电的高压线路上测量绝缘电阻。

（4）在绝缘电阻表没有停止转动或被测设备没有放电之前，切勿用手去触及被测设备或绝缘电阻表（摇表）的接线柱。

（5）使用绝缘电阻表（摇表）摇测设备绝缘时，应由两人担任。

（6）测量用的导线应使用绝缘线，两根引线不能绞在一起，其端部应有绝缘套。

（7）在带电设备附近测量绝缘电阻时，测量人员和绝缘电阻表（摇表）的位置必须选择适当，保持与带电体的安全距离，以免绝缘电阻表引线或引线支持物触碰带电部分。移动引线时，必须注意监护，防止工作人员触电。

（8）摇测电容器、电力电缆、大容量变压器、电机等容性设备时，绝缘电阻表（摇表）必须在额定转速状态下，方可将测量笔接触或离开被测设备，以免因电容放电而损坏仪表。

（9）测量电器设备绝缘时，必须先断电，经放电后才能测量。

（10）每年检验一次，不合格不得使用。

四、接地电阻表

接地电阻是指埋入地下的接地体电阻和土壤散流电阻，通常采用接地电阻表进行测量。接地电阻表又称为接地摇表和接地电阻测试仪，其外形与绝缘电阻表十分相似。接地电阻表分为传统的手摇式接地电阻表和数字式接地电阻表；接地电阻表按测量方式分为打地桩式和钳式。接地电阻表的外形结构随型号的不同稍有变化，但使用方法基本相同。

1. 接地电阻测量接线

三端钮测量仪的接线如图 1 - 20（a）所示，将被测接地 E 与端子 E 相连，电位探棒 P（电压级）和电流探棒 C（电流级）分别与端钮 P、C 连接后，将探棒 P、C 沿直线各相距 20m 插入地中。如采用四端钮测量仪时，应将 C2、P2 端钮的短接片打开，分别用导线接到被测接地体上，并使 P2 接在靠近接地极的一侧，如图 1 - 20（b）所示。

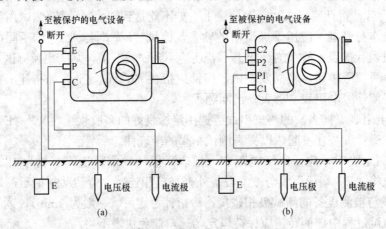

图 1 - 20　接地电阻测量接线

（a）三端钮测量仪；（b）四端钮测量仪

　　在使用小量程接地摇表测量低于 1Ω 的接地电阻时，应将四端钮中的 C2 与 P2 间的短接片打开，且分别用导线连接到被测接地体上，如图 1-21 所示。这样，可以消除测量时连接导线电阻引起的误差影响。

　　2. 接地电阻测量的具体步骤

　　常用的国产 ZC-8 型接地电阻测量仪如图 1-22 所示，测量线路接地电阻时的具体步骤如下：

　　（1）拆开接地干线与接地体的连接点，或拆开接地干线上所有接地支线的连接点。

　　（2）对拆开的接地线断开处装设临时接地线。

　　（3）将二支测量接地棒插入分别离接地体 20m 与 40m 远的地下，且均应垂直地插入地面深处为 400mm。

　　（4）将接地电阻表放在接地体附近平整的地方，然后再进行接线，接线方法如图 1-23 所示：

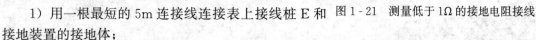

图 1-21　测量低于 1Ω 的接地电阻接线

　　1）用一根最短的 5m 连接线连接表上接线桩 E 和接地装置的接地体；

　　2）用一根最长的连接线连接表上接线桩 C 和一支 40m 远的接地棒；

　　3）用一根较长的连接线连接表上接线桩 P 和一支 20m 远的接地棒。

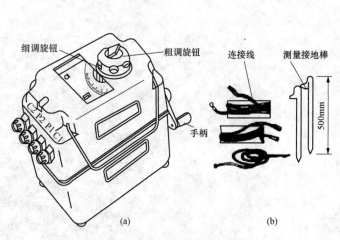

图 1-22　ZC-8 型接地电阻测量仪
（a）仪表；（b）仪表附件

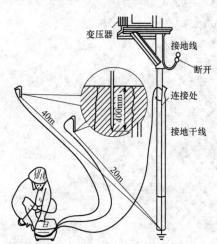

图 1-23　测量接地电阻接线方法

　　（5）根据被测接地体的电阻要求，调节好粗调旋钮（表上有三挡可调范围）。

　　（6）以约 120r/min 的转速均匀摇动手柄，当表针偏离中心时，边摇动手柄边调节细调拨盘，直至表针居中并稳定后为止。

　　（7）以细调拨盘的读数乘以粗调定位倍数，其结果便是被测接地体的接地电阻值。如细调拨盘指到 0.6，粗调定位倍数是 10，则测得接地电阻为 0.6×10=6Ω。

　　（8）测完后拆除绝缘电阻表测量接线，接上接地干线与接地体的连接点，拆除临时接地线。

3. 接地电阻测量注意事项

（1）测量前应将接地装置与被保护的电气设备断开，不准带电测试接地电阻。

（2）测量前仪表应水平放置，然后调零。

（3）接地电阻测量仪不准开路摇动手把，否则将损坏仪表。

（4）将倍率开关放在最大倍率挡，慢慢摇动发电机手柄，同时调整"测量标度盘"，当指针接近中心红线时，再加快发电机的转速使其达到稳定值（120r/min），此时继续调整"测量标准盘"，直至检流计平衡，使指针稳定地指在红线位置。此时"测量标度盘"所指示的数值乘以"倍率标度盘"指示值，即为接地装置的接地电阻值。

（5）使用接地电阻测量仪时，探针应选择土壤较好的地段，如果仪表的表针指示不稳，可适当调整电位探棒的深度。测量时尽量避免与高压线或地下管道平行，以减少环境对测量的干扰。

（6）刚下雨后不要测量接地电阻，因为这时所测的数值不是平时的接地电阻值。

第二章　电工操作技能与安全用电

第一节　电工基本操作技能

一、导线绝缘层的剥削

1. 单股绝缘导线线头绝缘层的剥削方法

用钢丝钳剥削线芯截面积为 $4mm^2$ 及以下导线的塑料皮，具体操作方法如图 2-1 所示。

①根据导线接头所需要的长度，用钢丝钳的刀口轻轻切破导线的塑料层，注意不要切伤导线的线芯　　②然后一只手握住钢丝钳头，另一只手紧握导线，向两头用力，即可勒去线皮

图 2-1　绝缘导线塑料皮的剥削方法

2. 多股绝缘导线线头绝缘层的剥削方法

对于导线截面积较大的塑料线，用电工刀来剥削绝缘层，方法是根据所需要的线头长度，先用刀口以 45°斜角切入绝缘层，注意不要切伤导线线芯，接着刀面与线芯成约 15°角，用力向外削切一条缺口，然后将导线皮向后扳翻，再用电工刀取齐切去线皮如图 2-2 所示。

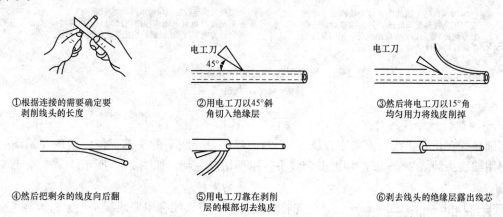

①根据连接的需要确定要剥削线头的长度　　②用电工刀以45°斜角切入绝缘层　　③然后将电工刀以15°角均匀用力将线皮削掉

④然后把剩余的线皮向后翻　　⑤用电工刀靠在剥削层的根部切去线皮　　⑥剥去线头的绝缘层露出线芯

图 2-2　大截面积绝缘导线塑料绝缘层的剥削

3. 护套线外护套层的剥削（如图 2-3 所示）

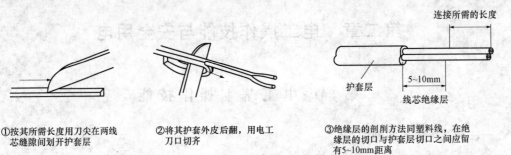

①按其所需长度用刀尖在两线芯缝隙间划开护套层

②将其护套外皮后翻，用电工刀口切齐

③绝缘层的剖削方法同塑料线，在绝缘层的切口与护套层切口之间应留有5~10mm距离

图 2-3　护套线外护套层的剥削

二、导线的连接方法

1. 独股铜芯导线的直接连接（如图 2-4 所示）

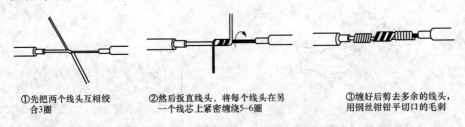

①先把两个线头互相绞合3圈

②然后扳直线头，将每个线头在另一个线芯上紧密缠绕5~6圈

③缠好后剪去多余的线头，用钢丝钳钳平切口的毛刺

图 2-4　独股铜芯导线的直接连接

2. 独股铜芯导线的分支连接方法（如图 2-5 所示）

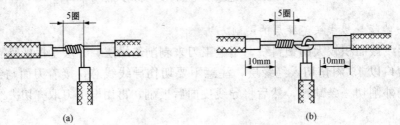

(a)

接法一：把支线的线头与干线线芯十字相交，距离根部留出5mm，然后按顺时针方向紧密缠绕5圈，切去多余的线芯，用钢丝钳钳平切口的毛刺

(b)

接法二：导线截面积较小时应先环绕一个结，然后把支线扳直，距离根部留出5mm，然后按顺时针方向紧密缠绕5圈，切出多余的线芯，用钢丝钳钳平切口的毛刺

图 2-5　独股铜芯导线的分支连接方法

（a）接法一；（b）接法二

3. 不同截面积导线的对接

将细导线在粗导线线头上紧密缠绕5~7圈，弯曲粗导线头的头部，使它紧压在缠绕层上，再用细线头缠绕3~5圈，切去多余线头，钳平切口毛刺，如图 2-6 所示。

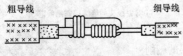

图 2-6　不同截面积导线的对接

4. 软、硬线的对接

先将软线拧紧，将软线在单股线线头上紧密缠绕5~7圈，弯曲单股线头的端部，使它压在缠绕层上，以防绑线松脱，如图 2-7 所示。

5. 导线头的并接

同相导线在接线盒内的连接是并接也称倒人字连接,将剥去绝缘的线头并齐捏紧,用其中一个线芯紧密缠绕另外的线芯5圈,切去多余线头,再将其余线头弯回压紧在缠绕层上,切断余头,钳平切口毛刺,如图2-8所示。

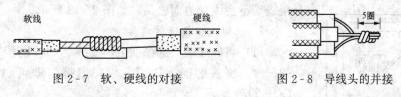

图2-7 软、硬线的对接　　　　图2-8 导线头的并接

6. 单股线与多股线的连接(如图2-9所示)

①用螺钉旋具将多股线分成两半　②将单股线插入多股线芯,留有3mm距离以便于包扎绝缘　③将单股线按顺时针方向紧密缠绕10圈,切去余线,钳平切口上的毛刺

图2-9 单股导线与多股导线的连接

7. 导线与连接管的连接

选用适合的连接管,清除连接管内和线头表面的氧化层,导线插入管内并露出25~30mm线头,然后用压接钳进行压接,压接的坑数根据导线截面积大小决定,一般户内接线不少于4个,如图2-10所示。

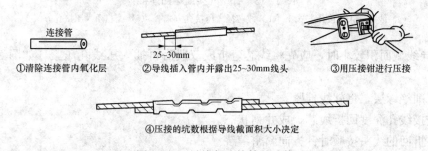

①清除连接管内氧化层　②导线插入管内并露出25~30mm线头　③用压接钳进行压接

④压接的坑数根据导线截面积大小决定

图2-10 导线与连接管的连接

8. 接头搪锡

搪锡也称涮锡,是导线连接中一项重要的工艺,在采用缠绕法连接的导线连接完毕后,应将连接处加固搪锡,搪锡的目的是加强连接的牢固和防氧化并有效地增大接触面积,提高接线的可靠性。

小截面积的导线可用电烙铁搪锡,大截面积的导线是将线头放入熔化的锡锅内搪锡,或将导线架在锡锅上用熔化的锡液浇淋导线,如图2-11所示。

搪锡前应先清除线芯表面的氧化层,搪锡完毕后应将导线表面的助焊剂残液清理干净。

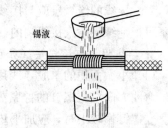

图2-11 将锡液浇淋到导线接头

三、导线与接线端的连接

1. 接线盒内的导线处理

接线盒内的导线应留有一定余量，便于再次剥削线头，否则线头断裂后将无法再与接线

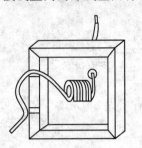

端连接，留出的线头应盘绕成弹簧状，使之安装开关面板时接线端不会因受力而松动，如图 2-12 所示。

2. 针型孔接线端的连接

（1）将导线端头绝缘削去，使线芯的长度稍长于压线孔的深度，将线芯插入压接孔内拧紧螺钉即可，如图 2-13（a）、（b）所示。

（2）若压线孔是两个压紧螺钉压紧，应先拧紧外侧螺钉再拧紧内侧螺钉，两个螺钉的压紧程度应一致。

图 2-12　接线盒内的导线处理

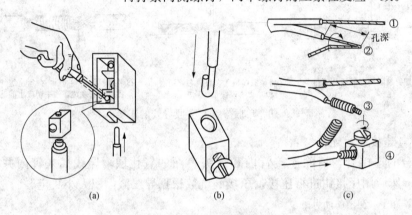

(a)　　　　　　　　(b)　　　　　　　　(c)

图 2-13　针型孔接线端的连接

（a）线芯插入压接孔方式 1；（b）线芯插入压接孔方式 2；（c）线芯插入压接孔方式 3

（3）导线截面积较小时，应先将线芯弯折成双股后再插入压线孔压紧，如图 2-13（c）所示。

1）剖削绝缘层，将软线拧紧。

2）按接线孔深度回折线芯，成并列状态。

3）将折回的线头按顺时针方向紧密缠绕。

4）缠绕到线芯头剪去余端，钳平毛刺插入接线孔拧紧螺钉。

（4）对多股软线应先将线芯拧紧，弯曲回来自身缠绕几圈再插入孔中压紧。如果孔径较大，可选用一根合适的导线在拧紧的线头上缠绕一层后再压紧。

（5）导线的绝缘层应与接线端保持适当的距离，切不可相离得太远，使线芯裸露过多，也不可把绝缘层插入接线端内，更不应把螺钉压在绝缘层上。

3. 导线用螺钉压接法（如图 2-14 所示）

（1）小截面积的单股导线用螺钉压接在接线端时必须把线头盘成圆圈形似羊眼圈再连接。弯曲方向应与螺钉的拧紧方向一致，圆圈的内径不可太大或太小，以防拧紧螺钉时散开。在螺钉帽较小时，应加平垫圈。

（2）压接时不可压住绝缘层，有弹簧垫时以弹簧垫压平为准。

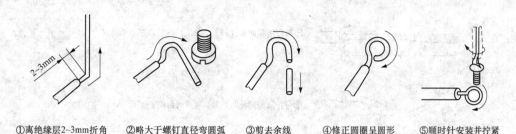

①离绝缘层2~3mm折角　②略大于螺钉直径弯圆弧　③剪去余线　④修正圆圈呈圆形　⑤顺时针安装并拧紧

图2-14　导线用螺钉压接法

4. 软线与接线端的连接（如图2-15所示）

软线线头与接线端子连接时，不允许有线芯松散和外露的现象，在平压式接线端上连接时，按图2-15所示的方法进行连接，以保证连接牢固。

较大截面积的导线与平压式接线端连接时，线头需使用接线端子（俗称接线鼻子），线头与接线端子要连接牢固，然后再由接线端子与接线端连接。

5. 导线板连接端子（如图2-16所示）

（1）将导线端头绝缘削去，使线芯的长度稍长于压线孔的深度，将线芯插入压接孔内拧紧螺钉即可。

（2）一个接线孔内压接两条线时，应先用压接头将线头压接在一起后再与端子连接，以防线芯相互支撑造成接触面不够，使用时间长发生接点过热事故。

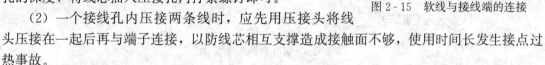

图2-15　软线与接线端的连接

6. 导线压接接线端法

图2-16　导线板连接端子

导线的压接是利用专用的连接套管或接线鼻子将导线连接的方法，连接套管有铜管用于铜导线的连接，铝管用于铝导线的连接，铜铝过度管用于铜铝的连接，常见的连接管如图2-17所示。使用时选用与导线截面积相当的接线端子，清除接线端子内和线头表面的氧化层，导线插入接线端子内，绝缘层与端子之间应留有5~10mm裸线，以便恢复绝缘，然后用压接钳进行压接，压接时应使用同截面积的六方形压模。压接后的形状如图2-18所示。

图2-17　常见的连接管

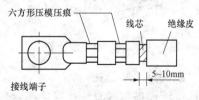

图2-18　压接后的形状

7. 多股导线盘压接法（如图2-19所示）

8. 瓦型垫接线端子

将除去绝缘层的线芯弯成U形，将其卡入瓦型垫进行压接，如果是两个线头，应将两

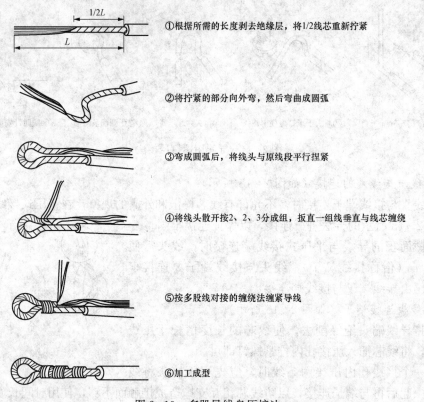

①根据所需的长度剥去绝缘层，将1/2线芯重新拧紧

②将拧紧的部分向外弯，然后弯曲成圆弧

③弯成圆弧后，将线头与原线段平行捏紧

④将线头散开按2、2、3分成组，扳直一组线垂直与线芯缠绕

⑤按多股线对接的缠绕法缠紧导线

⑥加工成型

图 2-19　多股导线盘压接法

个线头都弯成 U 形对头重合后卡入瓦型垫内压接，如图 2-20 所示。

　　9. 并沟线夹接线

　　并沟线夹主要应用在架空铝绞线的连接，连接前应先用钢丝刷将导线表面和线夹沟槽打磨干净，导线放入沟槽内，两个夹板用螺钉拧紧即可，如图 2-21 所示。

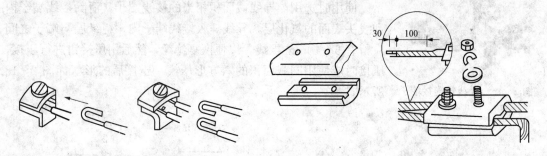

　　　图 2-20　瓦型垫接线端子　　　　　　　　图 2-21　并沟线夹连接

四、线头绝缘层包扎

　　导线绝缘层破损或导线连接后都要包扎绝缘胶布，这是恢复导线的绝缘。包扎好的绝缘层的绝缘性能不应低于原有的导线绝缘，包扎用的绝缘材料一般有黑胶布、塑料带和涤纶薄膜带，通常选用宽度为 20mm，这样缠绕时比较方便。

　　包扎绝缘时应注意以下三点：

　　（1）当电压为 380V 的线路导线包扎绝缘时，应先用塑料带紧紧缠绕两层，再用黑胶布缠绕两层。

（2）包缠绝缘带时不能马虎工作，更不允许漏出线芯，以免造成事故。

（3）包缠时绝缘带要拉紧，缠绕紧密、结实，并黏接在一起无缝隙，以免潮气侵入，造成接头氧化。

1. 直线连接绝缘的包扎方法

（1）在距绝缘切口两根带宽处起头，先用自黏性橡胶带包扎两层，便于密封防止进水。

（2）包扎绝缘带时，绝缘带应与导线有 45°～55° 的倾斜角度，每圈应重叠 1/2 带宽缠绕。

（3）包扎一层自黏胶带后，再用黑胶布从自黏胶带的尾部向回包扎一层，也是要每圈重叠 1/2 的带宽，如图 2-22 所示。图 2-23 所示是直线连接后的绝缘包扎。

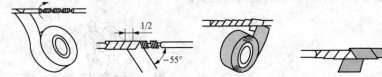

图 2-22　绝缘胶带的包缠方法　　　　　图 2-23　直接连接后的绝缘包扎

2. 导线分支连接后的绝缘包扎

（1）在主线距绝缘切口两根带宽处开始起头，先用自黏性胶带包扎两层，便于密封防止进水，如图 2-24（a）所示。

（2）包扎到分支线处时，用一只手指顶住左边接头的直角处，使胶带贴紧弯角处的导线，并使胶带尽量向右倾斜缠绕，如图 2-24（b）所示。

（3）当缠绕到右侧时，用手顶住右边接头直角处，胶带向左缠与下边的胶带成 X 状态，然后向右开始在支线上缠绕。方法同直线，应重叠 1/2 带宽，如图 2-24（c）所示。

（4）在支线上包缠好两层绝缘，回到主干线接头处，贴紧接头直角处向导线右侧包扎绝缘，如图 2-24（d）所示。

（5）包至主线的另一端后，再用黑胶布按上述方法包缠黑胶布即可，如图 2-24（e）所示。

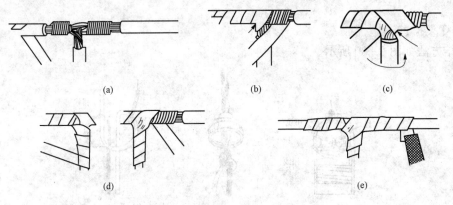

(a)　　　　　　　　　　(b)　　　　　　　　　　(c)

(d)　　　　　　　　　　　　　　　(e)

图 2-24　导线分支连接后的绝缘包扎

（a）开始起头；（b）分支处的缠法；（c）分支处叠缠；（d）在支线上包缠；（e）再缠黑胶布

五、常用的绳扣

1. 吊物扣（如图 2 - 25 所示）

在高空作业时，吊取工具器材时使用这种绳扣。

2. 紧线扣（如图 2 - 26 所示）

用于拽拉各种导线和绳索伸直、拉紧。

3. 拖物扣（如图 2 - 27 所示）

主要用于拖拉比较重的物品，在搬运电线杆和敷设电缆时使用此绳扣。

4. 抬物扣（如图 2 - 28 所示）

主要用于抗抬大型物品工件。

5. 吊钩扣（如图 2 - 29 所示）

用于起吊设备绳索，能防止因绳索的移动造成吊物倾斜。

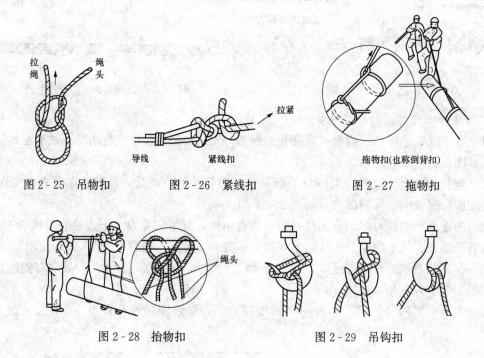

图 2 - 25　吊物扣　　　图 2 - 26　紧线扣　　　图 2 - 27　拖物扣

图 2 - 28　抬物扣　　　　　　图 2 - 29　吊钩扣

6. 灯头扣

打结方法如图 2 - 30 所示。

图 2 - 30　灯头扣打结

六、导线的固定

1. 瓷绝缘子"单花"绑扎（如图 2-31 所示）

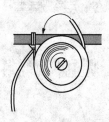  

①将绑扎线在导线上缠绕两圈后自绕两圈，将一根绑线绕过瓷绝缘子，自上而下绕过导线

②再绕过瓷绝缘子，从导线的下方向上紧缠两圈

③将两个绑扎线头在瓷绝缘子背后相互拧紧5~7圈收头

图 2-31　绝缘"单花"绑扎步骤

2. 瓷绝缘子"双花"绑扎（如图 2-32 所示）

由上而下　　　　由下而上　　　　　　缠绕两圈

  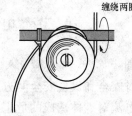 

5~7圈

①将绑扎线在导线上缠绕两圈再自绕两圈，将一根绑线绕过瓷绝缘子，由上而下绕过导线

②再将绑线绕过瓷绝缘子，由下而上的绕过导线

③将绑扎线在导线上缠绕两圈

④将两个绑扎线头在瓷绝缘子的背面相互拧紧5~7圈收头

图 2-32　绝缘子"双花"绑扎步骤

3. 瓷绝缘子上绑"回头"（如图 2-33 所示，此法可用于针式绝缘子）

（1）将导线绷紧并绕过瓷绝缘子并齐捏紧。

（2）用绑扎线将两根导线缠绕在一起，缠绕的圈数为5～7圈。

（3）缠完后再在来的导线上缠绕5～7圈，将绑扎线的首尾头拧紧。

瓷绝缘子的绑扎方法也适用于导线在针式绝缘子（铁横担、木横担、铁板担、吊钩）上的绑扎，但不得绑"单花"。

图 2-33　瓷绝缘子上绑"回头"

4. 蝶形绝缘子绑扎法（如图 2-34 所示）

这种绑法用于架空线路的终端杆、分支杆、转角杆等采用蝶形绝缘子的终端绑法。

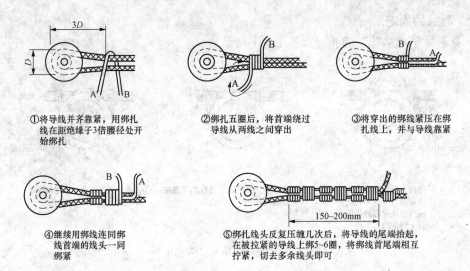

①将导线并齐靠紧，用绑扎线在距绝缘子3倍腰径处开始绑扎

②绑扎五圈后，将首端绕过导线从两线之间穿出

③将穿出的绑线紧压在绑扎线上，并与导线靠紧

④继续用绑线连同绑线首端的线头一同绑紧

⑤绑扎线头反复压缠几次后，将导线的尾端抬起，在被拉紧的导线上绑5~6圈，将绑线首尾端相互拧紧，切去多余线头即可

图 2-34　蝶形绝缘子绑扎法步骤

第二节　电气安全技术

一、安全用电基础

用电安全包括人身安全和设备安全两方面。人身安全是指人在用电过程中避免触电事故的发生。触电主要是电流对人体造成的危害，在电气事故中最为常见。

1. 人身安全

人身安全是指人在生产与生活中防止触电及其他电气危害。电流对人体伤害的严重程度与通过人体电流的大小、频率、持续时间，通过人体的路径及人体电阻的大小等多种因素有关。

（1）电流的大小。通过人体的电流越大，人体的反应就越明显，感应就越强烈，引起心室颤动所需的时间就越短，对人致命的危害就越大。

对于工频交流电，按照通过人体电流的大小和人体所呈现的不同状态，大致分为下列三种：

1）感觉电流：指引起人的感觉的最小电流。实验表明，一般成年男性的平均感觉电流约为 1.1mA，成年女性约为 0.7mA。

2）摆脱电流：指人体触电后能自主摆脱电源的最大电流。实验表明，一般成年男性平均摆脱电流约为 16mA，成年女性约为 10mA。

3）致命电流：指在较短的时间内危及生命的最小电流。实验表明，一般当通过人体的电流达到 30~50mA 时，中枢神经就会受到伤害，使人感觉麻痹，呼吸困难。如果通过人体的工频电流超过 100mA 时，在极短的时间内人就会失去知觉而导致死亡。

（2）频率。一般认为 40~60Hz 的交流电对人最危险。随着频率的增加，危险性将降低。高频电流不仅不伤害人体，还能治病。

（3）通电时间。通电时间越长，人体电阻因多方面的原因会降低，导致通过人体的电流增加，触电的危险性也随之增加。引起触电危险的工频电流和通过电流的时间关系可用下式表示：

$$I = 165/\sqrt{t}$$

式中　I——引起触电危险的电流，mA；

　　　t——通电时间，s。

（4）电流路径。电流通过头部可使人昏迷，通过脊髓可能导致瘫痪，通过心脏会造成心跳停止及血液循环中断，通过呼吸系统会造成窒息。因此，从左手到胸部是最危险的电流路径，从手到手、从手到脚也是很危险的电流路径，从脚到脚是危险性较小的电流路径。

（5）人体电阻。人体电阻包括内部组织电阻（称为体电阻）和皮肤电阻两部分。皮肤电阻主要由角质层决定，角质层越厚，电阻就越大。人体电阻一般为 1500～2000Ω（为保险起见，通常取为 800～1000Ω）。

影响人体电阻的因素很多。除皮肤厚薄外，皮肤潮湿、多汗、有损伤、带有导电性粉尘等，都会降低人体电阻。

（6）电压的影响。从安全的角度看，确定人体触电的安全条件通常不采用安全电流而是用安全电压，因为影响电流变化的因素很多，而电力系统的电压是较为恒定的。电压对人体的影响及允许接近的最小安全距离见表 2-1。

表 2-1　　　　　　　　电压对人体的影响及允许接近的最小安全距离

接触时的情况		可接近的距离	
电压（V）	对人体的影响	电压（kV）	设备不停电时的安全距离（m）
10	全身在水中时的跨步电压界限为 10V/m	10 及以下	0.7
20	湿手的安全界限	20～35	1.0
30	干燥手的安全界限	44	1.2
50	对人的生命无危险的界限	60～110	1.5
100～200	危险性急剧增加	154	2.0
200 以上	对人的生命发生危险	220	3.0
300	被带电体吸引	330	4.0
1000 以上	有被弹开而脱险的可能	500	5.0

2. 设备安全

设备安全是指电气设备、工作设备及其他设备的安全。设备安全主要考虑下列因素：

（1）电气装置安装的要求。

1）总开关、隔离开关都不能倒装，如果倒装，就有可能自动合闸，使电路接通，这时如果有人在检修电路会很不安全。

2）不能把开关、插座或接线盒等直接装在建筑物上，而应安装木盒；否则，如果建筑物受潮，就会造成漏电事故。

（2）不同场所对使用电压的要求。不同场所，对电气设备或设施的安装、维护、使用以及检修等方面都有着不同的要求。按照触电的危险程度，可将它分为以下几类：

1）无高度触电危险的建筑物，例如，住宅、公共场所、生活建筑物、实验室、仪表装配楼、纺织车间等。在这种场所中，各种易接触到的用电器、携带型电气工具的使用电压不超过 220V。

2）有高度触电危险的建筑物，例如，金工车间、锻工车间、电炉车间、泵房、变配电所、压缩机站等。在这种场所中，各种易接触到的用电器、携带型电气工具的使用电压不超过工频 36V。

3）有特别触电危险的建筑物，例如，铸工车间、锅炉房、染化料车间、化工车间、电镀车间等。在这种场所中，各种易接触到的用电器、携带型电气工具的使用电压不超过工频 12V。在矿井和浴池之类的场所，在检修设备时，常使用专用的工频 12V 或 24V 工作手灯。

我国的安全电压值规定是工频 36、24V 和 12V 三种。

3. 电气防火与防爆

各种电气设备的绝缘物质大多属于易燃物质。运行中导体通过电流要发热，开关切断电流时会产生电弧，短路、接地或设备损坏等也可能产生电弧及电火花，这都可能将周围易燃物引燃，造成火灾或爆炸。

（1）电气设备造成火灾和爆炸的主要原因。

1）电气设备选型与安装不当，如在有爆炸危险的场所选用非防爆电机、电器，在存有汽油的室中安装普通照明灯，在有火灾与爆炸危险的场所使用明火，在可能发生火灾的设备或场所中用汽油擦洗设备等，都会引起火灾。

2）设备故障引发火灾，如设备的绝缘老化、磨损等造成电气设备短路；设备过负荷电流过大引发火灾，如电气设备规格选择过小，容量小于负荷的实际容量，导线截面积选得过小，负荷突然增大，乱拉电线等。

（2）电气火灾的灭火。

1）当发生电气火灾时，首先要尽快切断电源，防止火情蔓延和灭火时发生触电危险。还要尽快使用通信工具报警，所有工作人员平时要学习、掌握简单的灭火常识。

2）灭火人员不可使身体及手持的灭火器碰到带电的导线或电气设备，否则有触电危险。

二、安全用电预防措施

1. 安全用电制度措施

（1）安全教育。思想上的麻痹大意往往是造成人身事故的重要因素，因此必须加强安全教育，使所有人都懂得安全的重大意义，彻底消灭人身触电事故。

（2）建立和健全电气操作制度。在进行电气设备安装与维修时，必须严格遵守各种安全操作规程和规定，不得玩忽职守。操作时，要严格遵守停电操作的规定，要切实做好防止突然送电的各项安全措施，如锁上隔离开关，并挂上"有人工作，不许合闸！"的警告牌等。此外，在操作前应检查工具的绝缘手柄、绝缘靴和绝缘手套等安全用具的绝缘性能是否良好，有问题应立即更换。

（3）确保电气设备的设计和安装质量。电气设备的设计和安装质量，与系统安全运行的关系极大，必须精心设计和施工，严格执行审批手续和竣工验收制度，以确保工程质量。在电气设备的设计和安装中，一定要严格执行国家标准中的有关安全规定。

2. 安全用电技术措施

（1）固定设备电气安全的基本措施。

1）直接电击的防护措施。

a. 绝缘：用绝缘材料将带电体封闭起来。良好的绝缘材料是保证电气设备和线路运行的必要条件，是防止触电的主要措施。应当注意，单独采用涂漆、漆包等类似的绝缘来防止触电是不够的。

b. 屏保：采用屏保装置将带电体与外界隔开。为杜绝不安全因素，常用的屏保装置有遮栏、护罩、护盖和栅栏等。

c. 间隔：即保持一定间隔以防止无意触及带电体。凡易于接近的带电体，应保持在伸出手臂时所及的范围之外。正常操作时，凡使用较长工具者，间隔应加大。

d. 漏电保护：漏电保护又称为残余电流保护或接地故障电流保护。漏电保护仅能作为附加电路而不应单独使用，其动作电流最大不宜超过 30mA。

e. 安全电压：即根据具体工作场所的特点，采用相应等级的安全电压，如 36、24、12V 等。

2）间接电击的防护措施。

a. 自动断开电源：安装自动断电装置。自动断电装置有漏电保护、过电流保护、过电压保护或欠电压保护、短路保护等，当带电线路或设备发生故障或触电事故时，自动断电装置能在规定的时间内自动切除电源，起到保护作用。

b. 加强绝缘：是指采用有双重绝缘或加强绝缘的电气设备，或采用另有共同绝缘的组合电气设备，以防止工作绝缘损坏后在易接近部分出现危险的对地电压。

c. 等电位环境：是将所有容易同时接近的裸导体（包括设备外的裸导体）互相连接起来使其间电位相同，防止接触电压。等电位范围不应小于可能触及带电体的范围。

（2）移动设备电气安全的基本措施。

1）实行接零（地）：这是对移动式电器的主要安全措施之一。移动式电器要采用带有接中性线（零、地）的芯线的橡套软线作电源线，其专用芯线（指绿/黄双色线）用作接零（地）线。

2）采用安全电压：在特别危险的场合可采用安全电压的单相移动式设备，安全电压也应由双线圈隔离变压器供电。由于该设备不够经济，这种办法只在某些指定场合应用。

3）采用隔离变压器：在接地电网中可装设一台隔离变压器给单相设备供电，其二次侧应与大地保持良好绝缘。此时，由于单相设备转变为在不接地电网中运行，从而可以避免触电危险。

4）采用防护用具：即应穿绝缘鞋、戴绝缘手套，或站在绝缘板上等，使人与大地或人与单相外壳隔离。这是一项简便易行的办法，也是实际工作中确有成效的基本安全措施。

（3）合理选择导线。合理选择导线是安全用电的必要条件。导线允许流过的电流与导线的材料及导线的截面积有关，当导线中流过的电流过大时，会由于导线过热引起火灾。不同场所导线允许最小截面积见表 2-2。

表 2-2 不同场所导线允许最小截面积

种类及使用场所		导线允许最小截面积（mm²）		
		铜芯软线	铜线	铝线
照明灯具相线	民用建筑，户内			
	工业建筑，室外	0.4	0.5	2.5
	户外	0.5	0.8	2.5

续表

种类及使用场所			导线允许最小截面积（mm²）		
移动式用电设备	生活用			1.0	2.5
	生产用		0.2		
敷设在绝缘支持件上的绝缘线，其支持点的间距	2m以下	户内	1.0	1.0	2.5
		户外		1.5	2.5
	6m及以下			2.5	4.0
	10m及以下			2.5	6.0
	25m及以下（引下线）			4.0	10.0
穿管线				1.0	2.5

三、电气保护接地与接零

电气设备或设施的任何部位（不论带电与不带电），人为的或自然的与大地相接通而具有零电位，便称为电气接地，简称接地。

由于大地内含有自然界中的水分等导电物质，因此它也是能导电的。当一根带电的导体与大地接触时，便会形成以接触点为球心的半球形"地电场"，半径约为 20m，如图 2-35 所示。

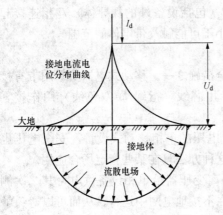

图 2-35　地中电流呈半球流散

按照接地的形成情况，可以将其分为正常接地和故障接地两大类。前者是为了某种需要而人为设置的，后者则是由各种外界或自身因素自然形成的，应当设法避免。

按照接地的不同作用，又可将正常接地分为工作接地和保护（安全）接地两大类。

1. 工作接地

由于运行和安全需要，为保证电力网在正常情况或事故情况下能可靠地工作而将电气回路的中性点与大地相连，称为工作接地。

（1）工作接地形式。工作接地通常有以下三种情况：

1）利用大地作回路的接地。此时，正常情况下也有电流通过大地，如直接工作接地、弱电工作接地等。

2）维持系统安全运行的接地。正常情况下没有电流或只有很小的不平衡电流通过大地，如 110kV 以上系统的中性点接地、低压三相四线制系统的变压器中性点接地等。

3）为了防止雷击和过电压对设备及人身造成危害而设置的接地。

图 2-36 为减轻高压窜入低压所造成的危险的最简单方法。

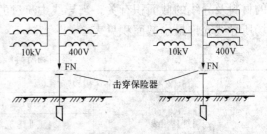

图 2-36　带击穿熔断器的工作接地

（2）低压配电网工作接地的作用。

1）正常供电情况下能维持相线的对地电压不变，从而可向外（对负载）提供 220/380V 两种不同的电压，以满足单相 220V（如电灯等家用电器）及三相 380V（如电动机等）不同负载的用电需要。

2）变压器或发电机的中性点经消弧线圈接地，能在发生单相接地故障时，消除接地短路点的电弧及由此可能引起的危害。

3）互感器如电压互感器一次线圈的中性点接地，主要是为了对一次侧系统中的相对地电压进行测量。

4）若中性点不接地，则当发生单相接地（如出现故障）情况时，另外两相的对地电压便升高为线电压；而中性点接地后，另两相的对地电压便仍为相电压。这样，既能减小与人体的相对接地电阻，同时还可适当降低对电气设备的绝缘要求，利于制造及降低成本。

5）在变压器供电时，可防止高压电窜至低压用电侧的危险。如果因高低压线圈间绝缘损坏而引起严重漏电甚至短路时，高压电便可经该接地装置构成闭合回路，使上一级保护跳闸切断电源，从而避免低压侧工作人员遭受高压电的伤害及造成设备损坏。

2. 保护接地

保护接地主要包括为防止电力设施或电气设备绝缘损坏，危及人身安全而设置的保护接地；为消除生产过程中产生的静电积累，引起触电或爆炸而设置的静电接地；为防止电磁感应而对设备的金属外壳、屏蔽罩或屏蔽线外皮所进行的屏蔽接地。

为了保障人身安全，避免发生触电事故，将电气设备在正常情况下不带电的金属部分（如外壳等）与接地装置实行良好的金属性连接，如图 2-37 所示，这种方式便称为保护接地，简称接地。它是一种防止静电的基本技术措施，使用相当普遍。

当电气设备由于各种原因造成绝缘损坏或是带电导线碰触机壳时，都会使本不带电的金属外壳等带上电（具有相当高或等于电源电压的电位）。若金属外壳未实施接地，操作人员碰触时便会发生触电；如果采用了保护接地，此时就会因金属外壳已与大地有了可靠而良好的连接，便能让绝大部分电流通过接地体流散到地下。

人若触及漏电的设备外壳，因人体电阻与接地电阻相并联且人体电阻比接地电阻大 200 倍以上，由于分流作用，通过人体的故障电流将比流经接地电阻的故障电流小得多，对人体的危害程度也就极大地减小了，如图 2-37 所示。

此外，在中性点接地的低压配电网络中，假如电气设备发生了单相碰壳故障，若实行了保护接地，由于电源相电压为 220V，如按工作接地电阻为 4Ω，保护接地电阻为 4Ω 计算，则故障回路将产生 27.5A 的电流。一般情况下，这么大的故障电流定会使熔断器的熔体熔断或自动开关跳闸，从而切断电源，保障了人身安全。

但保护接地也有一定的局限性，这是由于为保证能使熔体熔断或自动开关跳闸，一般规定故障电流必须分别大于熔体或开关额定电流的 2.5 倍或 1.25 倍，因此，27.5A 故障电流便只能保证使额定电流为 11A 的熔体或 22A 的开关动作。若电气设备容量较大，所选用的熔体与开关的额定电流超过了上述数值，此时便不能保证切断电源，进而也就无法保障人身安全了。所以保护接地存在着一定的局限性，即中性点接地的系统不宜再采用保护接地。

3. 保护接零

将电气设备在正常情况下不带电的金属部分用导线直接与低压配电系统的中性（零）线相连接，这种方式便称为保护接零，简称接零。它与保护接地相比，能在更多的情况下保证人身安全，防止触电事故。

（1）保护接零原理。在实施上述保护接零的低压系统中，电气设备一旦发生了单相碰壳漏电故障，便形成了一个短路。因该回路内不包括工作接地电阻与保护接地电阻，整个回路的阻抗就很小，因此故障电流必将很大（远远超过 7.5A），足以保证在最短的时间内使熔体熔断、保护装置或自动开关跳闸，从而切断电源，保证了人身安全。

显然，采取接零保护方式后，便可扩大安全保护的范围，同时也克服了保护接地方式的局限性。

（2）注意事项。在低压配电系统内采用接零保护方式时，应注意以下要求：

1）三相四线制低压电源的中性点必须良好接地，工作接地电阻值应符合要求。

2）在采用保护接零方式的同时，还应装设足够的重复接地装置。

3）同一低压电网中（指同一台配电变压器的供电范围内），在选择采用保护接零方式后，便不允许再采用保护接地方式。

4）中性线上不准装设开关和熔断器。中性线的敷设要求与相线一样，避免出现中性线断线故障。

5）中性线截面积应保证在低压电网内任何一相短路时，能够承受大于熔断器额定电流 2.5～4 倍及自动开关额定电流 1.25～2.5 倍的短路电流，且不小于相线载流量的一半。

6）所有电气设备的保护接零线，应以"并联"方式连接到中性线上。

必须指出，在实行保护接零的低压配电系统中，电气设备的金属外壳在正常情况下有时也会带电。产生这种现象的原因有以下三种情况：

1）三相负载不平衡时，在中性线阻抗过大（线径过小）或断线的情况下，中性线上便可能会产生一个有麻电感觉的接触电压。

2）保护接零系统中有部分设备采用了保护接地时，其接地设备发生了单相碰壳故障，则接零设备的外壳会因中性线电位的升高而产生接触电压。

3）当中性线断线且同时发生了中性线断开点之后的电气设备单相碰壳，这时，中性线断开点后的所有接零设备，便会带有较高的接触电压。

为确保保护接零方式的安全可靠，防止中性线断线所造成的危害，系统中除了工作接地外还必须在中性线的其他部位再进行必要的接地，这种接地称为重复接地，如图 2 - 37 所示。

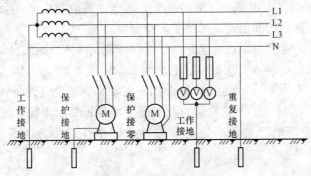

图 2 - 37　电气接地系统

4. 接地装置

所谓接地装置，是指人为的接地体与接地线的总称。埋入土壤内并与大地直接接触的金属导体或导体组，称为接地体，也称为接地极。接地体是接地装置的主要组成部分，其选择与装设是能否获得合格接地电阻的关键。它按照设置结构可分为人工接地体与自然接地体两类。按具体形状可分为管形与带形等多种。连接接地体与电气设备应接地部分的金属导体，称为接地线。它同样有人工接地线与自然接地线之分。

（1）自然接地体与自然接地线。

1）自然接地体。在设计与选择接地体时，可先考虑利用自然接地体以节省投资。若所利用的自然接地体经实测其接地电阻及热稳定性符合要求时，一般就不必另行装设人工接地体（对发电站和变电站除外）；若实测接地电阻及热稳定性不能符合要求，还应装设人工接地体，以弥补自然接地体的不足。不论是城乡工矿企业及工业与民用建筑，凡与大地有可靠而良好接地的设备或结构件，大都可以用来作为自然接地体。它们主要有：

a. 与大地有可靠连接的建筑物的钢结构件。

b. 敷设于地下而数量不小于两根的电缆金属外皮。

c. 建筑物钢筋混凝土基础的钢筋部分。

d. 敷设在地下的金属管道及热力管道等。输送可燃性气体或液体（如煤气、天然气、石油）的金属管道则应除外；包有黄麻、沥青层等绝缘物的金属管道也不能作为自然接地体；分布范围很广的自来水管也不宜直接用来作为自然接地体。

2）自然接地线。为减少基建投资、降低工程造价并加快施工进度，实际工程中可充分利用下述设施作为自然接地线（采用它们能满足规定要求时便不必另设人工接地线）：

a. 建筑物的金属结构（如梁和柱子等）。利用时要求它们能保证成为连续的导体，故除了其结合处采用焊接外，凡用螺栓连接或铆钉焊接的地方都要采用跨接线（一般用扁钢）连接，作接地干线时其截面积不小于 $100mm^2$，作接地支线则不小于 $48mm^2$。

b. 生产用的金属结构。如吊车轨道、配电装置、起重机或升降机的构架。

c. 配线的钢管。使用时，其管壁厚度不应小于 1.5mm，以免产生锈蚀而不能成为连续导体。在管接头和接线盒处，都要采用跨接线连接。钢管直径为 40mm 及以下时，跨接线采用 6mm 圆钢；钢管直径为 50mm 以上时，跨接导线采用 25mm×4mm 的扁钢。

d. 电缆的金属包皮。利用电缆的铅包皮作为接地线时，接地线卡箍的内部需垫以 2mm 厚的铅带；电缆与接地线卡箍相接触的部分要刮擦干净，以保证两者接触可靠。卡托、螺栓、螺母及垫圈均应镀锌。

e. 电压 1000V 以下的电气设备，可利用各种金属管道作为自然接地线。但不得利用可燃液体、可燃或爆炸性气体的管道，金属自来水管道也不宜直接利用。

（2）人工接地体与人工接地线。

1）人工接地体的基本要求：

a. 人工接地体所采用的材料，垂直埋设时常用直径为 5mm、管壁不小于 3.5mm、40mm×40mm×4mm 或 50mm×50mm×5mm 的等边角钢；水平埋设时，其长度应为 5～20mm。若采用扁钢，其厚度应不小于 4mm，截面积不小于 $48mm^2$；用圆钢时，则直径应不小于 8mm。如果接地体是安装在有强烈腐蚀性的土壤中，则接地体应镀锡或镀锌并适当加大截面积，注意不准采用涂漆或涂沥青的办法防腐蚀。

b. 安装接地体位置时，为减小相邻接地体之间的屏蔽作用，垂直接地体的间距不应小于接地体长度的两倍；水平接地体的间距一般不小于 5m。

c. 接地体打入地下时，角钢的下端要加工成尖形；钢管的下端也要加工成尖形或钢管打扁后再垂直打入地下；扁钢埋入地下时则应竖直放置。

d. 为减少自然因素对接地电阻的影响并取得良好的接地效果，埋入地中的垂直接地体顶端，距地面应不小于 0.6m；若水平埋设时，其深度也不应小于 0.6m。

e. 埋设接地体时，应先挖一条宽 0.5m、深 0.8m 的地沟，然后再将接地体打入沟内，上端露出沟底 0.1~0.2m，以便对接地体上的连接扁钢接地线进行焊接。焊接好后，经检查焊接质量和接地体埋设均符合要求，方可将沟填平夯实。为以后测量接地电阻方便，应在合适的位置加装接线卡子，以备测量接用。

2）人工接地线的基本要求。接地线是接地装置中的另一组成部分。实际工程中应尽可能利用自然接地线，但要求它具有良好的电气连接。为此在建筑物钢结构的结合处，除已焊接者外，都要采用跨接线焊接。跨接线一般采用扁钢，作为接地干线时，其截面积不得小于 $100mm^2$；作为接地支线的不得小于 $48mm^2$。管道和作为接中性线的明敷管道，其接头处的跨接线可采用直径不小于 6mm 的圆钢。采用电缆的金属外皮作接地线时，一般应有两根。若只有一根，则应敷设辅助接地线。若不能符合规定时，则应另设人工接地线。其施工安装要求为：

a. 一般应采用钢质（扁钢或圆钢）接地线。只有当采用钢质线施工安装发生困难时，移动式电气设备和三相四线制照明电缆的接地芯线才可采用有色金属做人工接地线。

b. 必须有足够截面积、连接可靠并有一定的机械强度。扁钢厚度不小于 3mm，其截面积不小于 $24mm^2$；圆钢直径不小于 5mm，电气设备的接地线用绝缘导线时，铜芯线截面积不小于 $25mm^2$；铝芯线截面积不小于 $35mm^2$。架空线路的接地引线用钢绞线时，截面积不小于 $35mm^2$。

c. 接地线与接地体之间的连接应采用焊接或压接，连接应牢固可靠。采用焊接时，扁钢的搭接长度应为宽度的两倍且至少焊接 3 个棱边；圆钢的搭接长度应为直径的 6 倍。采用压接时，应在接地线端加金属夹头与接地体夹牢，接地体连接夹头的地方应擦拭干净。

d. 接地线应涂漆以示明显标志。其颜色一般规定是，黑色为保护接地，紫色底黑色条为接地中性线（每隔 15cm 涂一黑色条，条宽 1~1.5cm）。接地线应该装设在明显处，以便于检查，对日常容易碰到的部分，要采取措施妥加防护。

（3）接地装置维护与检查。接地装置的良好与否直接关系到人身及设备的安全，关系到系统的正常与稳定运行。实际中，应对各类接地装置进行定期维护与检查，平时也应根据实际情况需要，进行临时性检查及维护。

接地装置维护检查的周期，对变配电所的接地网或工厂车间设备的接地装置，应每年测量一次接地电阻值，看是否符合要求，并对比上次测量值分析其变化；对其他的接地装置，则要求每两年测量一次。根据接地装置的规模、在电气系统中的重要性及季节变化等因素，每年应对接地装置进行 1~2 次全面性维护检查。其具体内容是：

1）接地线有否折断或严重腐蚀。

2）接地支线与接地干线的连接是否牢固。

3）接地点土壤是否因外力影响而有松动。

4）重复接地线、接地体及其连接处是否完好无损。

5）检查全部连接点的螺栓是否有松动，并逐一加以紧固。

第三节　触电急救方法

一、迅速脱离电源

发生触电事故时，切不可惊慌失措、束手无策，首先要马上切断电源，使触电者脱离电流损害的状态，这是能否抢救成功的首要因素。因为当触电事故发生时，电流会持续不断地通过触电者，从影响电流对人体刺激的因素中知道，触电时间越长，对人体损害越严重。其次，当人体触电时，身体上有电流通过，触电者已成为一个带电体，对抢救者是一个严重威胁，如不注意安全，同样会使抢救者触电。所以，必须先使病人脱离电源后，方可抢救。

1. 使触电者脱离电源的方法

（1）触电者触及低压带电设备，救护人员应设法迅速切断电源。如切断电源开关（如图2-38所示）、拔出电源插头等，或使用绝缘工具，如干燥的木棒、木板、绳索等不导电的东西解脱触电者（如图2-39所示），也可抓住触电者干燥而不贴身的衣服，将其拉开（切记要避免碰到金属物体和触电者的裸露身躯），还可戴绝缘手套解脱触电者。另外，抢救者可站在绝缘垫上或干木板上，为使触电者与导电体解脱，在操作时最好用一只手进行操作。

图2-38　迅速切断电源开关　　　　图2-39　用干燥木棒使触电者脱离电源

（2）触电者触及高压带电设备，抢救者应迅速切断电源或用适合该电压等级的绝缘工具（戴绝缘手套、穿绝缘靴并用绝缘棒）解脱触电者，抢救者在抢救过程中应注意保护自身与周围带电部分必要的安全距离。如果触电发生在架空线杆塔上，可采用抛挂足够截面积、适当长度的金属短路线的方法，使电源开关跳闸。抛挂前，将短路线一端固定在铁塔或接地引线上，另一端系重物。抛掷短路线时，应注意防止电弧伤人或断线危及人员安全，同时还要注意再次触及其他有电线路的可能。

如果触电者触及断落在地上的带电高压导线，要先确认线路是否无电，抢救者在未做好安全措施（如穿绝缘靴或临时双脚并紧跳跃以接近触电者）前，不得接近以断线点为中心8～10m范围内，防止跨步电压伤人，如图2-40所示。抢救者将触电者脱离带电导线后，应迅速将其带至 20m 以外再开始进行心肺复苏急救，只有在确认线路已经无电时，才可在触电者离开触电导线后，立即就地进行急救。

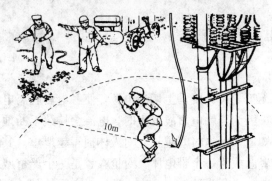

图 2-40　带电高压导线落地防止跨步电压

2. 解脱电源时注意的问题

（1）解脱电源后，人体的肌肉不再受到电流的刺激，会立即放松，病人会自行摔倒，造成新的外伤（如颅底骨折），特别在高空时更是危险。所以解脱电源需有相应的措施配合，避免此类情况发生，加重病情。

（2）解脱电源时要注意安全，绝不可再误伤他人，将事故扩大。

二、状态简单诊断

将解脱电源后的病人迅速移至比较通风、干燥的地方，使其仰卧，将上衣与裤带放松。解脱电源后，触者往往处于昏迷状态，情况不明，故应尽快对心跳和呼吸的情况做出判断，看看是否处于"假死"状态，因为只有明确的诊断，才能及时、正确地进行急救。处于"假死"状态的触电者，因全身各组织处于严重缺氧的状态，情况十分危险，所以不能用一套完整的常规方法进行系统检查。只能用一些简单有效的方法判断一下，看看是否"假死"及"假死"的类型，这就达到了简单诊断的目的（如图 2-41 所示）。其具体方法如下：

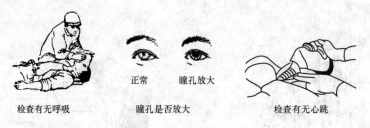

检查有无呼吸　　　正常　瞳孔放大　　　检查有无心跳
　　　　　　　　　瞳孔是否放大

图 2-41　触电后状态的判断

（1）观察一下是否有呼吸存在，当有呼吸时，我们可看到胸廓和腹部的肌肉随呼吸上下运动。用手放在鼻孔处，呼吸时可感到气体的流动。相反，无上述现象，则往往是呼吸已停止。

（2）看一看瞳孔是否放大，当处于"假死"状态时，大脑细胞严重缺氧，处于死亡的边缘，所以整个自动调节系统的中枢失去了作用，瞳孔也就自行扩大，对光线的强弱再也起不到调节作用，所以瞳孔扩大说明了大脑组织细胞严重缺氧，人体也就处于"假死"状态。通过以上简单的检查，我们即可判断病人是否处于"假死"状态。并依据"假死"的分类标准，可知其属于"假死"的类型。

（3）摸一摸颈部的动脉和腹股沟处的股动脉，有没有搏动，因为当有心跳时，一定有脉搏。颈动脉和股动脉都是大动脉，位置表浅，所以很容易感觉到它们的搏动，因此常常作为是否有心跳的依据。另外，在心前区也可听一听是否有心声，有心声则有心跳。

三、触电后的处理

（1）病人神志清醒，但感乏力、头昏、心悸、出冷汗，甚至有恶心或呕吐。此类病人应就地安静休息，减轻心脏负担，加快恢复；情况严重时，立即送往医疗部门，请医护人员检查治疗。

（2）病人呼吸、心跳尚在，但神志昏迷。此时应将病人仰卧，周围的空气要流通，可做牵手人工呼吸，如图 2-42 所示，帮助触电者尽快恢复，并注意保暖。除了要严密地观察外，还要做好人工呼吸和心脏按压的准备工作，并立即通知医疗部门或用担架将病人送往医院。在去医院的途中，要注意观察病人是否突然出现"假死"现象，若有假死，应立即抢救。

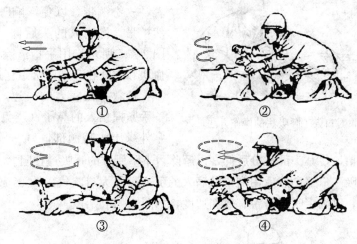

图 2-42　牵手人工呼吸法

（3）如经检查后，病人处于假死状态，则应立即针对不同类型的"假死"进行对症处理。心跳停止的，则用体外人工心脏按压法来维持血液循环；若呼吸停止，则用口对口人工呼吸法来维持气体交换。呼吸、心跳全部停止时，则需同时进行体外心脏按压法和口对口人工呼吸法，同时向医院告急求救。在抢救过程中，任何时刻抢救工作不能中止，即便在送往医院的途中，也必须继续进行抢救，一定要边救边送，直到心跳、呼吸恢复。

（4）抢救触电者可以用辅助针灸疗法，针刺触电者的百会、风府、风池、人中、涌泉、十宣、内关、神门、少商等穴位是配合抢救治疗的好方法，穴位如图 2-43 所示。

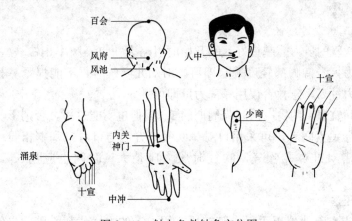

图 2-43　触电急救针灸穴位图

四、口对口人工呼吸法

1. 口对口人工呼吸操作方法

人工呼吸的目的是用人工的方法来代替肺的呼吸活动，使气体有节律地进入和排出肺部，供给体内足够的氧气，充分排出二氧化碳，维持正常的通气功能。人工呼吸的方法有很多，目前认为口对口人工呼吸法效果最好。口对口人工呼吸法的操作方法如图 2-44 所示。

图 2-44　口对口人工呼吸法的操作方法

将病人仰卧，解开衣领，松开紧身衣着，放松裤带，以免影响呼吸时胸廓的自然扩张。将病人的头后仰，张开其嘴，如图 2-45 所示。用手指清除口内中的假牙、血块和呕吐物，使呼吸道畅通。

抢救者在病人的一边，以近其头部的一手紧捏病人的鼻子（避免漏气），并将手掌外缘压住其额部，另一只手托在病人的颈后，将颈部上抬，使其头部充分后仰，以解除舌下坠所致的呼吸道梗阻。

急救者先深吸一口气，然后用嘴紧贴病人的嘴或鼻孔大口吹气，吹 2s 放松 3s，同时观察胸部是否隆起，以确定吹气是否有效和适度，如图 2-46 所示。

图 2-45　将触电者的嘴张开　　　　图 2-46　口对口吹气

吹气停止后，急救者头稍侧转，并立即放松捏紧鼻孔的手，让气体从病人的肺部排出，此时应注意胸部复原的情况，倾听呼气声，观察有无呼吸道梗阻。如此反复进行，每分钟吹气 12 次，即每 5s 吹一次。

2. 口对口人工呼吸时应注意的事项

（1）口对口吹气的压力需掌握好，刚开始时可略大一点，频率稍快一些，经 10～20 次后可逐步减小压力，维持胸部轻度升起即可。对幼儿吹气时，不能捏紧鼻孔，应让自然漏气，为了防止压力过高，急救者仅用颊部力量即可。

（2）吹气时间宜短，约占一次呼吸周期的 1/3，但也不能过短，否则影响通气效果。

（3）如遇到牙关紧闭者，可采用口对鼻吹气，方法与口对口基本相同。此时可将病人嘴唇紧闭，急救者对准鼻孔吹气，吹气时压力应稍大，时间也应稍长，以利气体进入肺内。

五、心脏按压法

心脏按压是指有节律地以手对心脏按压，用人工的方法代替心脏的自然收缩，从而达到维持血液循环的目的，此法简单易学、效果好、不需设备、易于普及推广。操作方法如

图 2 - 47 所示。

1. 心脏部位的确定方法

（1）心脏部位确定方法一。在胸骨与肋骨的交汇点（俗称"心口窝"）往上横二指左一指如图 2 - 48 所示。

（2）心脏部位确定方法二。两乳头横线中心左一指，如图 2 - 49 所示。

（3）心脏部位确定方法三。又称同身掌法，即救护人正对触电者，右手平伸中指对准触电者脖下锁骨相交点（胸骨上凹），下按一掌即可，如图 2 - 50 所示。

图 2 - 47　心脏按压法

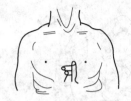

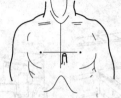
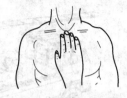

图 2 - 48　心脏部位确定方法一　　　图 2 - 49　心脏部位确定方法二　　　图 2 - 50　心脏部位确定方法三

2. 心脏按压法实施时的注意事项

（1）按压时位置要正确，一定要在胸骨下 1/2 处的压区内，接触胸骨应只限手掌根部，手掌不能平放，手指向上与肋保持一定的距离。

（2）按压后突然放松（要注意掌根不能离开胸壁），依靠胸廓的弹性使胸复位，此时心脏舒张，大静脉的血液回流到心脏。

（3）用力一定要垂直，并要有节奏，有冲击性。

（4）对小儿只用一个手掌根部即可。

（5）按压的时间与放松的时间应大致相同。

（6）为提高效果，应增加按压频率，最好能达到 80～100 次/min。

（7）病人心跳、呼吸全停止，应同时交替进行心脏按压和口对口人工呼吸，如图 2 - 51 所示。此时可先吹两次气，立即进行按压五次，然后再吹两口气，再按压，反复交替进行，不能停止。

图 2 - 51　交替进行心脏按压法及口对口人工呼吸

六、触电急救中应注意的问题

（1）使触电人脱离电源后，如需进行人工呼吸及胸外心脏按压，要立即进行。

（2）施救操作必须是连续的，不能中断，也不要轻易丧失信心。有经过 4h 的抢救而将"假死"的触电人救活的记录。

（3）如需送往医院或急救站，在转院的途中也不能中断救护操作，如图 2-52 所示。交给医务人员时一定要说明此人是触电昏迷的，以防采用了错误的抢救方式。

（4）对于经救护开始恢复呼吸或心脏跳动功能的触电人，救护人不应离开，要密切观察，准备可能需要的再一次救护。

（5）救护中慎用一般急救药品，不可使用肾上腺素、强心针等药物，会加重心室纤维性颤动。更不能采用压木板、泼冷水等错误的急救方法，如图 2-53 所示。

（6）夜间救护要解决临时照明。

图 2-52　转院的途中不能中断救护操作　　　图 2-53　触电者不可以泼冷水

第三章 电工材料及其应用

第一节 电线和电缆

电线和电缆是指用于电力、通信及相关传输用途的材料。电线和电缆并没有严格的界限。通常将芯数少、产品直径小、结构简单的产品称为电线，没有绝缘的称为裸电线，其他的称为电缆；导体截面积较大的（大于 6mm²）称为大电线，较小的（小于或等于 6mm²）称为小电线，绝缘电线又称为布电线。

电线电缆主要包括裸导线、电磁线及电机电器用绝缘电线、电力电缆、通信电缆与光缆。

一、裸导线

裸导线就是金属导体外面没有覆盖绝缘层的导线。裸导线因为没有外皮，有利于散热，一般用于野外的高压线架设。为了增加抗拉力，一些铝绞线的中心是钢绞线，称为"钢芯铝线"。裸导线因为没有绝缘外皮，在人烟稠密区使用会多次引发事故，在有条件的城市，已经逐步将架空的高压线使用绝缘线，或转入地下电缆。

裸导线主要用于电力工程和电气设备的制造。裸导线的分类、型号、特性及主要用途见表 3-1。

表 3-1　　　　　　　　　　裸导线的分类、型号、特性及主要用途

分类	名称	型号	规格范围	主要用途	备注
裸单线	硬圆铝单线 半硬圆铝单线 软圆铝单线	LY LYB LR	0.06～6.00mm²	硬线主要做架空线用；半硬线和软线做电线、电缆及电磁线的线芯用，也可做电机、电器及变压器绕组用	可用 LY、LR 代替
	硬圆铜单线 软圆铜单线	TY TR	0.02～6.00mm²		
裸绞线	铝绞线	LJ	10～600mm²	用作高、低压架空输电线	
	铝合金绞线	HLJ			
	钢芯铝绞线	LGJ	10～400mm²	用于拉力强度较高的架空输电线	
	防腐钢芯铝绞线	LGJF	25～400mm²		
	硬铜绞线	TJ		用作高、低压架空输电线	可用铝制品代替
	镀锌钢绞线	GJ	2～260mm²	用作农用架空线或避雷线	

续表

分类	名称	型号	规格范围	主要用途	备注
裸型线	硬铝母线 半硬铝扁线 软铝母线	LBY LBBY LBR	a：0.08～7.01mm b：2.00～35.5mm	用于电机、电器设备绕组	
	硬铝母线 软铝母线	LMY LMR	a：4.00～31.50mm b：16.00～125.00mm	用于配电设备及其他电路装置中	
	硬铜扁线 软铜扁线	TBY TBR	a：0.80～7.10mm b：2.00～35.00mm	用于安装电机、电器、配电设备	
	硬铜母线 软铜母线	TMY TMR	a：4.00～31.50mm b：16.00～125.00mm		
裸软接线	铜电刷线 软铜电刷线 纤维编织镀锡铜电刷线	TS TSR TSX	0.3～16mm²	用于电机、电器及仪表线路上连接电刷	
	纤维编织镀锡铜软电刷线	TSXR	0.6～2.5mm²		
	铜软绞线	TJR	0.06～5.00mm²	电气装置、电子元器件连接线	
	镀锡铜软绞线	TJRX			
	铜编织线	TZ	4～120mm²		
	镀锡铜编织线	TZX			

注 表中"规格范围"一栏中，扁线以线芯窄边（a）及宽边（b）表示。

其中铜绞线的具体规格和主要技术参数见表 3-2，铝绞线的具体规格和主要技术参数见表 3-3，钢芯铝绞线具体规格和主要技术参数见表 3-4。

表 3-2　　　　　　　　　　TJ 型铜绞线的规格及主要技术数据

标称截面积 （mm²）	结构尺寸根数/线径 （mm）	成品外径 （mm）	20℃时直流电阻 （Ω/km）	拉断力 （kN）	单位质量 （kg/km）
16	7/1.70	5.10	1.140	5.86	143
25	7/2.12	6.36	0.733	8.90	222
35	7/2.50	7.50	0.527	12.37	309
50	7/3.00	9.00	0.366	17.81	445
70	19/2.12	10.60	0.273	24.15	609
95	19/2.50	12.50	0.196	33.58	847
120	19/2.80	14.00	0.156	42.12	1062
150	19/3.15	15.70	0.123	51.97	1344
185	37/2.50	17.50	0.101	65.39	1650
240	37/2.85	19.95	0.078	84.97	2145
300	37/3.15	22.05	0.063	101.21	2620
400	61/2.85	25.65	0.047	140.09	3540

注 拉断力是指首次出现任一单线断裂时的拉力。

表 3 - 3　　　　　　　　　　　　　LJ 型铝绞线的规格及主要技术数据

标称截面积 (mm²)	结构尺寸根数/直径 (mm)	实际铝截面积 (mm²)	导线直径 (mm)	20℃时直流电阻 (Ω/km)	拉断力 (kN)	单位质量 (kg/km)	安全载流量（A）		
							70℃	80℃	90℃
10	3/2.07	10.1	4.56	2.896	1.63	27.6	64	76	86
16	7/1.70	15.9	5.10	1.847	2.57	43.5	83	98	111
25	7/2.12	24.7	6.36	1.288	4.00	67.6	109	129	147
35	7/2.50	34.4	7.50	0.854	5.55	94.0	133	159	180
50	7/3.00	49.5	9.00	0.593	7.50	135	166	200	227
70	19/2.12	69.3	10.65	0.424	9.90	190	204	246	280
95	19/2.50	93.3	12.50	0.317	15.10	257	244	296	338
95*	7/4.14	94.2	12.42	0.311	13.40	258	246	298	341
120	19/2.80	117.0	14.00	0.253	17.80	323	280	340	390
150	19/3.15	148.1	15.75	0.200	22.50	409	323	395	454
185	19/3.50	182.8	17.50	0.162	27.80	504	366	450	518
240	19/3.98	236.4	19.90	0.125	33.70	652	427	528	610
300	37/3.20	297.6	22.40	0.0996	45.20	822	490	610	707
400	37/3.70	397.8	25.90	0.0745	56.70	1099	583	732	851
500	37/4.14	498.1	28.98	0.0595	71.00	1376	667	842	982
600	61/3.55	603.8	31.95	0.0491	81.50	1669	747	949	1110

表 3 - 4　　　　　　　　　　　　LGJ 型钢芯铝绞线的规格及主要技术数据

标称截面积 (mm²)	结构根数/直径 (mm)		实际铝截面 (mm²)		导线直径 (mm)		20℃时直流电阻 (Ω/km)	拉断力 (kN)	单位质量 (kg/km)	安全载流量（A）		
	铝	钢	铝	钢	导线	钢芯				70℃	80℃	90℃
10	6/1.50	1/1.5	10.6	1.77	4.50	1.5	2.774	3.67	42.9	65	77	87
16	6/1.80	1/1.8	15.3	2.54	5.40	1.8	1.926	5.30	61.7	82	97	109
25	6/2.20	1/2.2	22.8	3.80	6.60	2.2	1.289	7.90	92.2	104	123	139
35	6/2.80	1/2.8	37.0	6.16	8.40	2.8	0.796	11.90	149	138	164	183
50	6/3.20	1/3.2	48.3	8.04	9.60	3.2	0.609	15.50	195	161	190	212
70	6/3.80	1/3.8	68.0	11.3	11.40	3.8	0.432	21.30	275	194	228	255
95	28/2.07	7/1.8	94.2	17.8	13.68	5.4	0.315	34.90	401	248	302	345
95*	7/4.14	1/1.8	94.2	17.8	13.68	5.4	0.312	33.10	398	230	272	304
120	28/2.30	7/2.0	116.3	22.0	15.20	6.0	0.255	43.10	495	281	344	394
120*	7/4.60	7/2.0	116.3	22.0	15.20	6.0	0.253	40.90	492	256	303	340
150	28/2.53	7/2.2	140.8	26.6	16.72	6.6	0.211	50.80	598	315	387	444
185	28/2.88	7/2.5	182.4	34.4	19.02	7.5	0.163	65.70	774	268	453	522
240	28/3.22	7/2.8	228.0	43.1	21.28	8.4	0.130	78.60	969	420	520	600
300	28/3.80	19/2.0	317.5	59.7	25.20	10.0	0.0935	111.00	1348	511	638	740
400	28/4.17	19/2.2	382.4	72.2	27.68	10.0	0.0778	134.00	1626	570	715	832

注　防腐型钢芯铝绞线标称截面积 25～400mm² 的规格、线芯结构同 LGJ。

二、电磁线

电磁线又称绕组线，是指用于电机电器及电工仪表中，作为绕组的绝缘导线。常用电磁线的导电线芯有圆线和扁线两种，目前大多采用铜线，很少采用铝线。由于导线外面有绝缘材料，因此电磁线有不同的耐热等级。

电磁线必须满足多种使用和制造工艺上的要求，前者包括其形状、规格、能短时和长期在高温下工作，以及承受某些场合中的强烈振动和高速下的离心力，高电压下的耐受电晕和击穿，特殊气氛下的耐化学腐蚀等；后者包括绕制和嵌线时经受拉伸、弯曲和磨损的要求，以及浸渍和烘干过程中的溶胀、侵蚀作用等。

电磁线可以按其基本组成、导电线芯和电绝缘层分类。通常根据电绝缘层所用的绝缘材料和制造方式分为漆包线、绕包线和无机绝缘线。

1. 漆包线

漆包线是在导体外涂以相应的漆溶液，再经溶剂挥发和漆膜固化、冷却而制成。最早的漆包线是油性漆包线，由桐油等制成。其漆膜耐磨性差，不能直接用于制造电机线圈和绕组，使用时需加棉纱包绕层。后来聚乙烯醇缩甲醛漆包线问世，其机械性能大为提高，可以直接用于电机绕组，而称为高强度漆包线。

随着弱电技术的发展又出现了具有自黏性漆包线，可以不用浸渍、烘焙而获得整体性较好的线圈。但其机械强度较差，仅能在微特电机、小电机中使用。此外，为了避免焊接时先行去除漆膜的麻烦，发展了直焊性漆包线，其涂膜能在高温搪锡槽中自行脱落而使铜线容易焊接。

漆包线广泛应用于中小型电机及微电机、干式变压器和其他电工产品中，漆包线的型号、规格、特点及主要用途见表 3 - 5。

表 3 - 5　　　　　　　　　　漆包线的型号、规格、特点及主要用途

类别	名称	型号	耐热等级（℃）	规格范围（mm）	特点	主要用途
油性漆包线	油性漆包圆铜线	Q	A（105）	0.02～2.50	漆膜均匀，介质损耗角小；耐溶剂性和耐刮性差	中、高频线圈及仪表、电器等线圈
缩醛漆包线	缩醛漆包圆铜线	QQ - 1 QQ - 2	E（120）	0.02～2.50	热冲击性、耐刮性和耐水解性能好；漆膜受卷绕应力易产生裂纹（浸渍前须在120℃左右加热 1h 以上，以消除应力）	普通中小型电机、微电机绕组和油浸变压器的线圈、电器仪表等线圈
	缩醛漆包圆铝线	QQL - 1 QQL - 2		0.06～2.50		
	彩色缩醛漆包圆铜线	QQS - 1 QQS - 2		0.02～2.50		
	缩醛漆包扁铜线	QQB		0.8～5.60		
	缩醛漆包扁铝线	QQLB		2.0～18.0		
	缩醛漆包扁铝合金线		E	a：0.8～5.60 b：2.0～18.0	抗拉强度比铝线大，可承受线圈在短路时较大的应力	大型变压器线圈和换位导线
聚氨酯漆包线	聚氨酯漆包圆铜线	QA - 1 QA - 2	E	0.15～1.0	在高频条件下介质损耗角小；可以直接焊接不须刮去漆膜；着色性好；过负载性能差	要求 Q 值稳定的高频线圈、电视机线圈和仪表用的微细线圈

类别	名称	型号	耐热等级（℃）	规格范围（mm）	特点	主要用途
环氧漆包线	环氧漆包圆铜线	QH-1 QH-2	E	0.06～2.50	耐水解性、耐潮性、耐酸碱腐蚀和耐油性好；弹性、耐刮性较差	油浸变压器的线圈和耐化学品腐蚀、耐潮湿电机的绕组
聚酯漆包线	聚酯漆包圆铜线	QZ-1 QZ-2	B（130）	0.02～2.50	在干燥和潮湿条件下，耐电压击穿性能好；软化击穿性能好；耐水解性热冲击性较差	通用中小电机的绕组，干式变压器和电器仪表的线圈
	聚酯漆包圆铝线	QZL-1 QZL-2		0.06～2.50		
	彩色聚酯漆包圆铜线	QZS-1 QZS-2		0.06～2.50		
	聚酯漆包扁铜线 聚酯漆包扁铝线	QZB QZLB		0.8～5.60 2.0～18.0		
	聚酯漆包扁铝合金线	QZLB	B	a：0.8～5.60 b：2.0～18.0	在干燥和潮湿条件下，耐电压击穿性能好；软化击穿性能好；耐水解性热冲击性较差，抗拉强度比铝线大，可承受线圈在短路时较大的应力	干式变压器线圈
聚酯亚胺漆包线	聚酯亚胺漆包圆铜线	QZY-1 QZY-2	F（155）	0.06～2.50	在干燥和潮湿条件下，耐电压击穿性能好；热冲击性能、软化击穿性能好；在含水密封系统中易水解	高温电机和制冷装置中电机的绕组，干式变压器和电器仪表的线圈
	聚酯亚胺漆包扁铜线	QZYB		a：0.8～5.60 b：2.0～18.0		
聚酰胺酰亚胺漆包线	聚酰胺酰亚胺漆包圆铜线	QXT-1 QXY-2	C（200）	0.06～2.50	耐热性、热冲击及耐刮性好；在干燥和潮湿条件下耐击穿电压高；耐化学药品腐蚀性能优	高温重负荷电机、牵引电机、制冷设备电机的绕组，干式变压器和电器仪表的线圈，以及密封式电机、电器绕组
	聚酰胺酰亚胺漆包扁铜线	QXYB		a：0.8～5.60 b：2.0～18.0		

续表

类别	名称	型号	耐热等级（℃）	规格范围（mm）	特点	主要用途
特种漆线包	环氧自黏性漆包圆铜线	QHN	E	0.10～051	不需浸渍处理；在一定温度条件下，能自行黏合成形；耐油性好；耐刮性较差	仪表和电器的线圈、无骨架的线圈
	缩醛自黏性漆包圆铜线	QQN	E	0.10～1.00	能自行黏合成形；热冲击性能良	
	聚酯自黏性漆包圆铜线	QZN	B	0.10～1.00	能自行黏合成形；耐电击穿电压性能优	
	自黏直焊漆包圆铜线	QAN	E	0.10～0.44	在一定温度、时间条件下不需刮去漆膜，可直接焊接，同时不需浸渍处理，能自行黏合成形	微型电机、仪表的线圈和电子元件、无骨架的线圈
	无磁性聚氨酯漆包圆铜线	QATWC	E	0.02～0.2	漆包线中铁的含量极低，对感应磁场所起干扰作用极微；在高频条件下介质损耗角小；不需剥去漆膜即可直接焊接	精密仪表和电器的线圈，如直镜式检流计、磁通表、测震仪等的线圈
聚酰亚胺漆包线	聚酰亚胺漆包圆铜线	QY-1 QY-2	C	0.02～2.50	漆膜的耐热是目前最好的一种；软化击穿及热冲击性优，能承受短时期过载负荷；耐低温性、耐辐射性好；耐溶剂及化学药品腐蚀性好；耐碱性较差	耐高温电机、干式变压器、密封式继电器及电子元件
	聚酰亚胺漆包扁铜线	QYB		a：0.8～5.60 b：2.0～18.0		

注 1. 表中的"规格范围"一栏中，圆线规格以线芯直径表示，扁线以线芯窄边（a）及宽边（b）长度表示，下同。
　　2. 在"型号"一栏中，"-1"表示1级漆膜（薄漆膜）；"-2"表示2级漆膜（厚漆膜）。

2. 绕包线

绕包线是绕组线中的一个重要品种，绕包线用以制造电工产品中的线圈或绕组的绝缘电线。早期用棉纱和丝，称为纱包线和丝包线，曾用于电机、电器中。由于绝缘厚度大，耐热性低，多数已被漆包线所代替。目前仅用作高频绕组线。在大、中型规格的绕组线中，当耐热等级较高而机械强度较大时，也采用玻璃丝包线，而在制造时配以适当的胶黏漆。

在绕包线中纸包线仍占有相当地位，主要用于油浸变压器中。这时形成的油纸绝缘具有优异的介电性能，且价格低廉，寿命长。近年来发展比较迅速的是薄膜绕包线，主要有聚酯薄膜和聚酰亚胺薄膜绕包线。近来还有用于风力发电的云母带包聚酰亚胺薄膜绕包铜扁线。

绕包线的型号、规格、特点及主要用途见表3-6。

表3-6 绕包线的型号、规格、特点及主要用途

类别	名称	型号	耐热等级（℃）	规格范围（mm）	特点	主要用途
纸包线	纸包圆铜线 纸包圆铝线 纸包扁铜线 纸包扁铝线	Z ZL ZB ZLB	A（105）	1.0～5.60 1.0～5.60 a：0.9～5.60 b：2.0～18.0	在油浸变压器中作线圈耐电压击穿性能好；绝缘纸易破损；价廉	用于油浸变压器高压绕组
玻璃丝包线及玻璃丝包漆包线	双玻璃丝包圆铜线 双玻璃丝包圆铝线	SBEC SBELC	B（130）	0.25～6.0	过负载性好；耐电晕性好；玻璃丝包漆包线耐潮湿性好	用于电工仪表、机器仪表等产品的绕组
	双玻璃丝包扁铜线 双玻璃丝包扁铝线 单玻璃丝包聚酯漆包扁铜线 单玻璃丝包聚酯漆包扁铝线 双玻璃丝包聚酯漆包扁铜线 双玻璃丝包聚酯漆包扁铝线	SBECB SBELCB QZSBCB QZSBLCB QZSBECB QZSBELCB		a：0.9～5.60 b：2.0～18.0		
	单玻璃丝包聚酯漆包圆铜线	QZSBC	E（120）	0.53～2.50		
	硅有机漆双玻丝包圆铜线 硅有机漆双玻丝包扁铜线	SBEG SBEGB	H（180）	0.25～6.0	耐弯曲性较差	
	双玻璃丝包聚酯亚胺漆包扁铜线 毕玻璃丝包聚酯亚胺漆包扁铜线	QYSBEGB QYSBGB		a：0.9～5.60 b：2.0～18.0		
丝包线	双丝包圆铜线 单丝包油性漆包圆铜线 单丝包聚酯漆包圆铜线 双丝包油性漆包圆铜线 双丝包聚酯漆包圆铜线	SE SQ SQZ SEQ SEQZ	A	0.05～2.50	绝缘层的机械强度较好；油性漆包线的介质损耗角小；丝包漆包线的电性能好	用于仪表、电信设备的线圈绕组，以及采矿电缆的线芯等
薄膜绕包线	聚酰亚胺薄膜绕包圆铜线 聚酰亚胺薄膜绕包扁铜线	Y YB	（330）	0.25～6.0 a：0.9～5.60 b：2.0～18.0	耐热和耐低温性好；耐辐射性；高温下耐电压击穿性好	用于高温、有辐射等场所的电机绕组及干式变压器线圈

3. 无机绝缘线

当耐热等级要求超出有机材料的限度时，通常采用无机绝缘漆涂敷。现有的无机绝缘线可进一步分为玻璃膜线、氧化膜线和陶瓷线等。还有组合导线、换位导线等。无机绝缘的型号、规格、特点及主要用途见表3-7。

表 3-7　　　　　　　　　　　　　**无机绝缘的型号、规格、特点及主要用途**

类别	名称	型号	规格范围（mm）	长期工作温度（℃）	特点	主要用途
氧化膜线	氧化膜圆铝线 氧化膜扁铝线 氧化膜铝带（箔）	YML YMLC YMLB YMLBC YMLD	0.05～5.0 a：1.0～4.0 b：2.5～6.3 a：0.08～1.00 b：20～900	以氧化膜外涂绝缘漆的涂层性质确定工作温度	槽满率高；耐辐射性好；弯曲性、耐酸、碱性差；击穿电压低；不用绝缘漆封闭的氧化膜耐潮性差	起重电磁铁、高温制动器、干式变压器线圈，并用于需耐辐射场合
玻璃膜绝缘微细线	玻璃膜绝缘微细锰铜线 玻璃膜绝缘微细镍铬线	BMTM-1 BMTM-2 BMTM-3 BMNG	-4～+100		导体电阻的热稳定性好；能适应高低温的变化；弯曲性差	适用于精密仪器、仪表的无感电阻和标准电阻元件
	陶瓷绝缘线	TC	0.06～0.50	500	耐高温性能好；耐化学腐蚀性、耐辐射性好；弯曲性差；击穿电压低；耐潮性差	用于高温以及有辐射场合的电器线圈等

三、橡胶、塑料绝缘电线

　　绝缘电线又称为布电线，橡胶、塑料即聚氯乙烯（PVC）绝缘电线广泛应用于交流额定电压（U_0/U）450/750V、300/500V 及以下和直流电压 1000V 以下的动力装置及照明线路的固定敷设中。一般电线长期允许工作温度不超过 70℃，敷设环境温度不低于 0℃。常用橡胶、塑料绝缘电线品种、型号及主要用途见表 3-8。

表 3-8　　　　　　　　　**常用橡胶、塑料绝缘电线品种、型号及主要用途**

产品名称	型号	截面积范围 （mm²）	额定电压 U_0/U（V）	最高允许工作温度 （℃）	主要用途
铝芯氯丁橡胶线	BLXF	2.5～185	300/500		固定敷设用，尤其宜用于户外，可明设或暗设
铜芯氯丁橡胶线	BXF	0.75～95		65	
铝芯橡胶线铜心橡胶线	BLX	2.5～400	300/500		固定敷设，用于照明和动力线路，可明敷或暗敷
	BX	1.0～400			
铜芯橡胶软线	BXR	0.75～400	300/500	65	用于室内安装及有柔软要求场合

产品名称	型号	截面积范围（mm²）	额定电压 U_0/U（V）	最高允许工作温度（℃）	主要用途
橡胶绝缘氯丁橡胶护套线	BXHL BLXHL	0.75～185	300/500	65	敷设于较潮湿的场合，可明敷或暗敷
铝芯聚氯乙烯绝缘电线	BLV	1.5～185	450/750	70	固定敷设于室内外照明，电力线路及电气装备内部
铜芯聚氯乙烯绝缘电线	BV	0.75～185	450/750	70	固定敷设于室内外照明，电力线路及电气装备内部
铜芯聚氯乙烯软线	BVR	0.75～70	450/750	70	室内安装，要求较柔软（不频繁移动）的场合
铝芯聚氯乙烯绝缘聚氯乙烯护套线	BLVV	2.5～10（2～3芯）	300/500	70	固定敷设于潮湿的室内和机械防护较高的场合，可明敷或暗敷和直埋地下
铜心聚氯乙烯绝缘聚氯乙烯护套线	BVV	0.75～10（2～3芯）0.5～6（4～6芯）	300/500	70	固定敷设于潮湿的室内和机械防护较高的场合，可明敷或暗敷和直埋地下
铜（铝）芯聚氯乙烯绝缘聚氯乙烯护套平行线	BVVR	0.75～10（2～3芯）	300/500	70	固定敷设于室内外照明及小容量动力线，可明敷或暗敷
铜（铝）芯聚氯乙烯绝缘聚氯乙烯护套平行线	BLVVR	2.5～10（2～3芯）	300/500	70	固定敷设于室内外照明及小容量动力线，可明敷或暗敷
铜（铝）芯耐热105℃聚氯乙烯绝缘电线	BV-105 BLV-105	0.75～10	450/750	105	敷设于高温环境的场所，可明敷或暗敷
铜芯耐热105℃聚氯乙烯绝缘软线	BVR-105	0.75～10	450/750	105	同BV-105，用于安装时要求柔软的场合
纤维和聚乙烯绝缘电线	BSV	0.75～1.5	300/500	65	电器、仪表等做固定敷设的线路，用于交流250V或直流500V场合
纤维和聚乙烯绝缘软线	BSVR	0.75～1.5	300/500	65	电器、仪表等做固定敷设的线路，用于交流250V或直流500V场合
丁腈聚氯乙烯复合物绝缘电气装置用电（软）线	BVF（BVFR）	0.75～6.0 0.75～70	300/500	65	用于交流2500V或直流1000V以下的电器、仪表等装置

四、橡胶、塑料绝缘软线

橡胶、塑料绝缘连接用软线在家用电器和照明中应用极广泛，在各种交、直流移动电器，电工仪表，电器设备及自动化装置接线也适用。使用时要注意工作电压，大多为交流250V，或直流500V以下，交流额定电压（U_0/U）为450/750V、300/500V及以下。常用橡胶、塑料绝缘软线的品种、型号和主要用途见表3-9。

表 3-9　　　　　　　常用橡胶、塑料绝缘软线品种、型号及主要用途

产品名称	型号	截面积范围（mm²）	额定电压 U_0/U（V）	最高允许工作温度（℃）	主要用途
聚氯乙烯绝缘单心软线	RV	0.12~10	450/750		
聚氯乙烯绝缘双心平行软线	RVB	0.12~2.5		70	供各种移动电器、仪表、电信设备、自动化装置接线、移动电具、吊灯的电源连接线
聚氯乙烯绝缘双心绞合软线	RVS	0.12~2.5	300/300		
聚氯乙烯绝缘及护套平行软线	RVVB	0.5~0.75			
聚氯乙烯绝缘和护套软线	RVV	0.12~6（4芯以下）0.12~2.5（5~7芯）0.12~1.5（10~24芯）	300/500	70	同 RV，用于潮湿和机械防护要求较高场合
丁腈聚氯乙烯复合绝缘平行软线	RFB RVFB	0.12~2.5	AC300/500	70	同 RVB，但低温柔软性较好
丁腈聚氯乙烯复合绝缘绞合软线	RFS RVFS	0.12~2.5	DC300/500	70	同 RVB，但低温柔软性较好
橡皮绝缘棉纱编织双绞软线	RXS	0.2~0.4	300/500	65	用于灯头、灯座之间，移动家用电器连接线
橡皮绝缘棉纱总编软线	RX	0.3~0.4（2芯或3芯）			
氯丁橡套软线	RHF		300/500	65	用于移动电器的电源连接线
橡套软线	RH				
聚氯乙烯绝缘软线	RVR-105	0.5~0.6	450/750	105	高温场所的移动电器连接线
氟塑料绝缘耐热电线	AF AFP	0.2~0.4（2~24芯）	300/300	60—200	用于航空、计算机、化工等行业

五、电缆

电缆按其用途可分为通用电缆、电力电缆和通信电缆等。电气装备用电缆做各种电气装备、电动工具、仪器和日用电器的移动式电源线；电力电缆用于输配电网络干线中；通信电缆用作有线通信（例如，电话、电报、传真、电视广播等）线路，按结构类型分为对称通信电缆和同轴通信电缆。

1. 通用电缆

通用电缆的规格、型号及主要用途见表 3-10。

表 3-10　　　　　　　通用电缆的型号、规格及主要用途

产品名称	型号	截面积范围（mm²）	额定电压 U_0/U（V）	主要用途
轻型橡套电缆	YQ	0.3~0.75（2~3芯）	300/300	适用日用电气，小型电动移动设备
	YQW			适用日用电气，小型电动移动设备，具有耐油、耐气候特性（户外型）

续表

产品名称	型号	截面积范围（mm²）	额定电压 U_0/U（V）	主要用途
中型橡套电缆	YZ	0.75～6（2～5 芯）	300/500	各类移动性电气设备
	YZW			各类移动性电气设备，户外型
重型橡套电缆	YC	2.5～120（1～5 芯）	450/750	各种移动式电气设备能承受较大的机械外力
	YCW			各种移动式电气设备能承受较大的机械外力，户外型
潜水橡套电缆	YHS	0.75～6（2～4 芯）	450/750	潜水电机用

2. 电力电缆

电力电缆的规格、型号及主要用途见表 3-11。

表 3-11　　　　　　　　　电力通用电缆的型号、规格及主要用途

电缆名称	代表产品型号	规格范围	主要用途
油浸纸绝缘电缆统包型	ZQ、ZLQ ZQ₂₁、ZQL₂₁ ZQ₃₁、ZQ₅	电压：1～35kV 截面积：2.5～240mm²	在交流电压的输配电网中做传输电能用。固定敷设在室内、干燥沟道及隧道中（ZQ₃₁、ZQ₅ 可直埋土壤中）
油浸纸绝缘电缆分相铅（铝）包型	ZL、ZLL ZL₂₀、ZLL₂₀	电压：1～10kV 截面积：10～500mm²	
	ZLLF、ZQF	电压：20～35kV	
不滴流浸渍纸绝缘电缆统包型	ZQD₃₁、ZLQD₃₁ ZQD₃₀、ZLQD₃₉	电压：1～10kV 截面积：10～500mm²	常用于高落差和垂直敷设场合
不滴流浸渍纸绝缘电缆分相铅（铝）包型	ZQDF、ZLLDF	电压：20～35kV	
聚乙烯绝缘聚氯乙烯护套电缆	YV、YLV	电压：6～220kV 截面积：6～240mm²	对环境的防腐蚀性能好，敷设在室内及隧道中，不能受外力作用
聚氯乙烯绝缘及护套电缆	VV VLV	电压：1～10kV 截面积：10～500mm²	
交联聚乙烯绝缘聚氯乙烯护套电缆	YJV YJLV	电压：6～110kV 截面积：16～500mm² 多心：6～240mm²	同油浸纸绝缘电缆，但可供定期移动的固定敷设，无敷设位差的限制
橡胶绝缘电缆	XQ、XLQ XLV、XV、XLF	电压：0.5～6kV 截面积：1～185mm²	同油浸纸绝缘电缆，但可供定期移动的固定敷设
阻燃性交联聚乙烯绝缘电缆	YJT-FR （WD-YJT）	电压：0.5～6kV 截面积：1.5～240mm²	易燃环境，商业设施等

3. 通信电缆

对称通信电缆的型号、规格及主要用途见表 3-12，同轴通信电缆的型号、规格及主要用途见表 3-13。

表 3-12　　　　　　　　　　　对称通信电缆的型号、规格及主要用途

系列	品种	代表型号	使用频率	规格(线径单位:mm)	主要用途
市内电话电缆	纸绝缘对绞市内电话电缆	HQ，裸铅护套型 HQ1，铅护套麻被护层型 HQ2，铅护套钢带铠装型 HQ3，铅护套细钢丝铠装型 HQ5，铅护套粗钢丝铠装型	音频	线径：0.4、0.5、0.6、0.7 对数：5～1200 线径：0.5 对数：5～400	城市内和近距离通信用，其敷设环境由外护层决定
	聚乙烯绝缘聚氯乙烯护套自承式市内电话电缆	HYVC		线径：0.5 对数：5～100	城市内和近距离通信用，可直接架空敷设
长途对称通信电缆	纸绝缘星绞低频通信电缆	HEQ HEQP，裸铅护套型 HEQ2 HEQP2，铅护套钢带铠装型 HEQ3 HEQP3，铅护套细钢丝铠装型 HEQ5 HEQP5，铅护套粗钢丝铠装型	音频	线径：0.8、0.9、1.0、1.2 组数：12～37	电话、电报收发信台（站）到终端机室的线路，铁路区段通信线路等用
		HEL HELP，裸铅护套型 HEL22，铅护套二级外护 HELP22，层钢带铠装型			
	泡沫聚乙烯绝缘低频通信电缆	HEYFLW11，皱纹铝护套一级外护层型		线径：0.8、0.9、1.0、1.2 组数：12～37	电话、电报收发信台（站）到终端机室的线路，铁路区段通信线路等用
	低绝缘低频综合通信电缆	HEQZ，裸铅护套型 HEQZ2，铅护套钢带铠装型 HEQZ5，铅护套粗钢丝铠装型		线径：0.7、0.8、0.9、1.0、1.2、1.4 电缆中元件有对绞组、加强对绞组、屏蔽对绞组、星绞组、加强星绞组和六线组等，电缆可由不同数量的各种元件组成	低频长途通信、无线电遥控盒广播用
		HELZ，裸铅护套型 HELZ15，裸铅护套粗钢丝铠装一级外护层型 HELZ22，铝护套钢带铠装二级外护层型			

系列	品种	代表型号	使用频率	规格(线径单位:mm)	主要用途
长途对称通信电缆	纸绝缘高频对称通信电缆	HEQ-252，252kHz，裸铅护套型 HEQ2-252，252kHz 铅护套钢带铠装型 HEQ5-252，252kHz 铅护套粗钢丝铠装型	高频组:12～252kHz	线径:1.2 组数:4、7	多层载波长途通信线路用
				线径:1.2 组数:1、3	
		HEL-252，252kHz，裸铅护套型 HEL22-252，252kHz，铝护套钢带铠装二级外护套型 HEL15-252，252kHz 铅护套粗钢丝铠装一级外护层型		线径:1.2 组数:4、7	
	泡沫聚乙烯绝缘高低频综合通信电缆	HDYFLWZ12，皱纹铝护套钢带铠装一级外护层型 HDYFLZ22，平铝护套钢带铠装二级外护层型	高频组:12～252kHz	线径:0.9、1.2 高频组数:3、4 低频组数:4～11	高频组供多路载波长途通信线路用，低频组用途同低频对称通信电缆
	纸绝缘低频综合通信电缆	HDLZ11，纸绝缘铝护套裸一级外护层型 HDLZ22，纸绝缘铝护套钢带铠装二级外护层型		线径:1.2 高频组数:3 低频组数:11	
	铝信单四线组高频对称通信电缆	HELLV-252，252kHz，纸绝缘平铝护套聚氯乙烯外护层型	高频组:12～252kHz	线径:2.0	多路载波长途通信线路用
	聚苯乙烯绳带绝缘高频对称电缆	252kHz，聚苯乙烯绳带绝缘铅护套型		线径:1.2 组数:4	
电话设备用电缆	聚氯乙烯配线电缆	HPVV，聚氯乙烯绝缘聚氯乙烯护套型	音频	线径:0.5 对数:5～404	连接市内电话电缆至配线架(或分线箱)用
	聚氯乙烯局用电缆	HJVV，聚氯乙烯绝缘聚氯乙烯护套型 HJVVP，聚氯乙烯绝缘聚氯乙烯屏蔽型		线径:0.5 芯数:12～210	配线架至交换机或交换机内部各级机器间连接用

表 3-13   同轴通信电缆的型号、规格及主要用途

品种	代表型号	使用频率	规格	主要用途
小同轴综合通信电缆（1.2/4.4 同轴对）	HOYPLWZ，皱纹铝护套型 HOYPLZ，平铝护套型 HOYQZ25，铅护套相钢丝铠装二级外护层型	小同轴对：1.4MHz 以下高频组：根据具体使用情况而定	缆芯有 4 种规格： (1) 4 同轴对＋3 高频组＋信号线 (2) 4 同轴对＋4 高频组＋9 低频组＋信号线 (3) 4 同轴对＋3 高频组＋12 低频组＋信号线 (4) 8 同轴对＋2 低频组＋信号线	小同轴对供较多话路的载波长途通信用；高频组供多路载波长途通信用；低频组供各种低频业务通信用
中同轴综合通信电缆（2.6/9.5 同轴对）	HOYDQZ，裸铅护套型 HOYDQZ22，铅护套钢带铠装二级外护层型 HOYDQZ25，铅护套粗钢丝铠装二级外护层型	中同轴对：9MHz 以下高频组：根据具体使用情况而定	缆芯有 2 种规格： (1) 4 同轴对＋43 高频组＋1 低频组＋信号线 (2) 8 同轴对＋8 高频组＋7 低频组	中同轴对供大通路载波长途通信用，也可传输电视信号及其他信息；高频组供多路载波长途通信用

第二节　绝　缘　材　料

一、绝缘材料的分类

绝缘材料包括气体绝缘材料、液体绝缘材料和固体绝缘材料。涉及电工、石化、轻工、建材、纺织等诸多行业领域。

1. 气体绝缘材料

气体绝缘材料包括空气、压缩空气、六氟化硫气体等。

2. 液体绝缘材料

液体绝缘材料包括变压器油、开关油、电缆油、电力电容器浸渍油、硅油及有机合成脂类。

3. 固体绝缘材料

固体绝缘材料包括塑料（热固性、热塑性）、层压制品（板、管、棒）、云母制品（纸、板、带）、薄膜（柔软复合材料、黏带）、纸制品（纤维素纸、合成纤维纸及无机纸和纸板）、玻纤制品（带、挤拉型材、增强塑料）、预浸料及浸渍织物（带、管）、陶瓷、玻璃、热收缩材料十大类产品。

绝缘材料的分类及特点见表 3-14。

表 3-14   绝缘材料的分类及特点

序号	类别	主要品种	特点及用途
1	气体绝缘材料	空气、氮、氢、二氧化碳、六氟化硫、氟利昂	常温、常压下的干燥空气，环绕导体周围，具有良好的绝缘性和散热性，用于高压电器中的特殊气体具有高的电离场强和击穿场强，击穿后能迅速恢复绝缘性能，不燃、不爆、不老化、无腐蚀性、导热性好

续表

序号	类别	主要品种	特点及用途
2	液体绝缘材料	矿物油、合成油、精致蓖麻油	电气性能好、闪点高、凝固点低、性能稳定、无腐蚀性。主要用作变压器，油开关，电容器，电缆的绝缘、冷却、浸渍和填充
3	绝缘纤维制品	绝缘纸、纸板、纸管、纤维织物	经浸渍处理后，吸湿性小、耐热、耐腐蚀、柔性强、抗拉强度高。主要用作电缆、电机绕组等的绝缘
4	绝缘漆、胶、熔敷粉末	绝缘漆、环氧树脂、沥青胶、熔敷粉末	以高分子聚合物为基础，能在一定条件下固化成绝缘膜或绝缘整体，起绝缘与保护作用
5	浸渍纤维制品	漆布、漆绸、漆管和绑扎带	以纤维制品为底料，浸绝缘漆，具有一定的机械强度，良好的电气性能，耐潮性，柔软性好，主要用作电机、电器的绝缘衬垫，或线圈、导线的绝缘与固定
6	绝缘云母制品	天然云母、合成云母、粉云母	电器性能、耐热性、防潮性、耐腐蚀性良好，主要用于电机、电器主绝缘和电热电器的绝缘
7	绝缘薄膜、黏带	塑料薄膜、复合制品、绝缘胶带	厚度薄（0.06~0.05mm）、柔软、电气性能好，用于绕组电线绝缘和包扎固定
8	绝缘层压制品	层压板、层压管	由纸或布做底料，浸或涂以不同的胶黏剂，经热压或卷制成层状结构，电气性能良好，耐热，耐油，便于加工成特殊形状，广泛用作电气绝缘构件
9	电工用塑料	酚醛塑料、聚乙烯塑料	由合成树脂，填料和各种添加剂配合后，在一定温度下、压力下，加工成各种形状，具有良好的电气性能和耐腐蚀性，可用作绝缘构件和电缆护层
10	电工用橡胶	天然橡胶、合成橡胶	电气绝缘性好，柔软，强度较高，主要用作电线、电缆绝缘和绝缘构件

绝缘材料按材料的耐热等级可分为 7 个级别，见表 3 - 15。

表 3 - 15　　　　　　　　　　　绝缘材料的耐热等级

级别	耐热等级定义	相当于该耐热等级的绝缘材料	极限工作温度
Y	经过试验证明，在 90℃极限温度下，能长期使用的绝缘材料或其组合物，所组成的绝缘结构	天然纤维材料及其制品，如纺织品、纸板、木材等，以及以醋酸纤维和聚酰胺为基础的纤维制品和塑料	90℃
A	经过试验证明，在 105℃极限温度下，能长期使用的绝缘材料或其组合物，所组成的绝缘结构	用油或树脂浸渍过的 Y 级材料，漆包线、漆布、漆丝的绝缘等	105℃
E	经过试验证明，在 120℃极限温度下，能长期使用的绝缘材料或其组合物，所组成的绝缘结构	玻璃布、油性树脂漆、环氧树脂、胶纸板、聚酯薄膜和 A 级材料的复合物	120℃
B	经过试验证明，在 130℃极限温度下，能长期使用的绝缘材料或其组合物，所组成的绝缘结构	聚酯薄膜、云母制品、玻璃纤维、石棉等制品，聚酯漆等	130℃
F	经过试验证明，在 155℃极限温度下，能长期使用的绝缘材料或其组合物，所组成的绝缘结构	用耐油有机树脂或漆黏合，浸渍的云母、石棉、玻璃丝制品，复合硅有机聚酯漆等	155℃

级别	耐热等级定义	相当于该耐热等级的绝缘材料	极限工作温度
H	经过试验证明，在180℃极限温度下，能长期使用的绝缘材料或其组合物，所组成的绝缘结构	加厚的 F 级材料，复合云母，有机硅云母制品，硅有机漆，复合薄膜等	180℃
C	经过试验证明，在超过180℃极限温度下，能长期使用的绝缘材料或其组合物，所组成的绝缘结构	用有机黏合剂及浸渍的无机物，如石英、石棉、云母、玻璃和陶瓷材料等	180℃以上

二、绝缘油

在高压电气设备中，有大量的充油设备（如变压器、互感器、油断路器等）。这些设备中的绝缘油主要作用如下：

（1）使充油设备有良好的热循环回路，以达到冷却散热的目的。在油浸式变压器中，通过油把变压器的热量传给油箱及冷却装置，再由周围空气或冷却水进行冷却。

（2）增加相间、层间以及设备的主绝缘能力，提高设备的绝缘强度。例如油断路器同一导电回路断口之间绝缘。

（3）隔绝设备绝缘与空气接触，防止发生氧化和浸潮，保证绝缘不致降低。特别是变压器、电容器中的绝缘油，防止潮气侵入，同时还填充了固体绝缘材料中的空隙，使得设备的绝缘得到加强。

（4）在油路器中，绝缘油除作为绝缘介质之外，还作为灭弧介质，防止电弧的扩展，并促使电弧迅速熄灭。

绝缘油除了有电气性能方面的要求外，在热、电场作用下氧化变质要求较慢，因此要求绝缘油有良好的抗氧化安定性。油温上升使油品的电气性能变坏，因此一般还须控制变压器的工作温度，并对油品的氧化安定性提出了相应的要求，包括在氧化后油品的酸值与沉淀方面的要求。绝缘油的高温安全性是用油品的闪点来表示的，闪点越低，挥发性越大，油品在运行中损耗也越大，越不安全。一般变压器油及电容器油的闪点要求不低于135℃。变压器及电容器等常安置于户外，为了适应在严寒条件下工作，对油品的倾点也有一定要求。

在变压器装油前必须进行严格的脱水处理。对水分如此严格的控制，其原因是水分对油品的电气性能与理化性能影响很大，如水分含量增加时，油的击空电压降低，介质损耗因数增加，此外还会促进有机酸对钢铁、铜等金属的腐蚀作用，使油品的老化速度增高。

击穿电压也是评定绝缘油电气性能的一项指标，可用来判断绝缘油被水其他悬浮物污染的程度，以及对注入设备前油品干燥和过滤程度的检验。

常用绝缘油性能与用途见表 3-16。

表 3-16　　　　　常用绝缘油性能与用途

名称	透明度*(+5℃时)	绝缘强度（kV/cm）	凝固点	主要用途
10 号变压器油（DB-10） 25 号变压器油（DB-25）	透明	160~180 180~210	-10℃ -25℃	用于变压器及油断路器中起绝缘和散热作用
45 号变压器油（DB-45）	透明		-45℃	
45 号开关油（DV-45）	透明		-45℃	在低温工作下的油断路器中做绝缘及排热灭弧用

续表

名称	透明度（+5℃时）	绝缘强度（kV/cm）	凝固点	主要用途
1号电容器油（DD-1） 2号电容器油（DD-2）	透明	200	≤-45℃	在电力工业、电容器上做绝缘用；在电信工业、电容器上做绝缘用

三、绝缘漆

绝缘漆是以高分子聚合物为基础，能在一定条件下固化成绝缘硬膜或绝缘整体的重要绝缘材料。绝缘漆按用途分为浸渍漆、漆包线漆、覆盖漆、硅钢片漆和防电晕漆等几种。浸渍漆主要用于浸渍电机、电器的线圈，以填充其间隙，提高绝缘结构的耐潮性、导热性、击穿强度和机械强度。常用电工绝缘漆的品种、型号、性能及用途见表3-17。

表3-17 常用电工绝缘漆的品种、型号、性能及用途

名称	型号	溶剂	耐热等级	特性及用途
醇酸浸渍漆	1030 1031	200号溶剂汽油 二甲苯	B（130℃）	具有较好的耐油性、耐电弧性、烘干迅速，供浸渍电机、电器线圈外，也可做覆盖漆和胶黏剂
三聚氰胺醇酸浸漆（黄至褐色）	1032	200号溶剂汽油 二甲苯	B（130℃）	具有较好的干透性、耐热性、耐油性和较高的电气性能，供亚热带地区电机、电器线圈做浸渍用
三聚氰胺环氧树脂浸漆（黄至褐色）	1033	二甲苯 丁醇	B（130℃）	用于浸渍热带电机、变压器、电工仪表线圈以及电器零部件表面覆盖
硅有机浸漆	1053	二甲苯 丁醇	H（180℃）	具有耐高温、耐寒性、抗潮性、耐水性及抗海水、耐电晕，化学稳定性好的特点，供浸渍H级电机、电器线圈及绝缘零部件
耐油性清漆（黄至褐色）	1012	200号溶剂汽油	A（105℃）	具有耐油、耐潮性，干燥迅速、漆膜平滑光泽，宜浸渍电机线圈、电器线圈、黏合绝缘纸等
硅有机覆盖漆（红色）	1350	二甲苯 甲苯	H（180℃）	适用于H级电机、电器线圈做表面覆盖层，在180℃下烘干
硅钢片漆	1610 1611	煤油	A（105℃）	高温（450～550℃）快干漆，用于涂覆硅钢片
环氧无溶剂浸渍漆（地腊）	515-1 515-2		B（130℃）	用于各类变压器、电器线圈浸渍处理，干燥温度130℃

四、绝缘胶

绝缘胶也是以高分子聚合物为基础，能在一定条件下固化成绝缘硬膜或绝缘整体的重要绝缘材料。绝缘胶广泛用于浇注电缆接头、电器套管、20kV及以下电流互感器、10kV及以上电压互感器等，起绝缘、防潮、密封和堵油作用。绝缘胶的性能和用途见表3-18。

表 3 - 18   绝缘胶的性能和用途

名称	型号	收缩率（由 150℃降至 20℃）	击穿电压（kV/2.5mm）	特性和用途
黄电缆胶	1810	≤8%	>45	电气性能好，抗冻裂性好，适宜浇注 10kV 及以上电缆接线盒和终端盒
沥青电缆胶	1811 1812	≤9%	>35	耐潮性好，适宜浇注 10kV 以下电缆接线盒和终端盒
环氧电缆胶			>82	密封性好，电气、机械性能高，适宜浇注 10kV 以下电缆终端盒，用它浇注的终端盒结构简单，体积较小
环氧树脂灌封剂				电视机高压包等高压线圈的灌封、黏合等

五、绝缘带

绝缘带可分为不黏绝缘带和绝缘胶带，常用不黏绝缘带的品种、规格、特性及用途见表 3 - 19，常用绝缘胶带的品种、规格、特点及用途见表 3 - 20。

表 3 - 19   常用不黏绝缘带的品种、规格、特性及用途

序号	名称	型号	厚度（mm）	耐热等级	特点及用途
1	白布带		0.18、0.22、0.25、0.45	Y	有平纹、斜纹布带，主要用于线圈整形，或导线等浸胶过程中临时包扎
2	无碱玻璃纤维带		0.06、0.08、0.1、0.17、0.20、0.27	E	由玻璃纱编织而成，用作电线电缆绕包绝缘材料
3	黄漆布带	2010 2012	0.15、0.17、0.20、0.24	A	2010 柔软性好，但不耐油，可用作一般电机、电器的衬垫或线圈绝缘；2012 耐油性好，可用作有变压器油或汽油气侵蚀的环境中工作的电机、电器的衬垫或线圈的绝缘材料
4	黄漆绸带	2210 2212		A	具有较好的电气性能和良好的柔软性，2210 适用于电机、电器薄层衬垫或线圈绝缘；2212 耐油性好，适用作为有变压器油或汽油气侵蚀的环境中工作的电机、电器薄层衬垫或线圈绝缘材料
5	黄玻璃漆布带	2412	0.11、0.13、0.15、0.17、0.20、0.24	E	耐热性好较，2010、2012 漆布好，适用于一般电机、电器的衬垫和线圈绝缘材料，以及在油中工作的变压器、电器的线圈绝缘材料
6	沥青玻璃漆布带	2430	0.11、0.13、0.15、0.17、0.20、0.24	B	耐潮性好，但耐苯和耐变压器油性差，适用于一般电机、电器的衬垫和线圈绝缘材料
7	聚乙烯塑料带		0.02～0.20	Y	绝缘性能好，使用方便，用作电线电缆包绕绝缘材料，用黄、绿、红色区分

表 3 - 20　　　　　　　　常用绝缘胶带的品种、规格、特性及用途

序号	名称	厚度（mm）	组成	耐热等级	特点及用途
1	黑胶布黏带	0.23～0.35	棉布带、沥青橡胶黏剂	Y	击穿电压1000V，成本低，使用方便，适用于380V及以下电线包扎绝缘
2	聚乙烯薄膜黏带	0.22～0.26	聚乙烯薄膜、橡胶型胶黏剂	Y	有一定的电器性能和机械性能，柔软性好，黏结力较强，但耐热性低（低于Y级），可用作一般电线接头包扎绝缘材料
3	聚乙烯薄膜纸黏带	0.10	聚乙烯薄膜、纸、橡胶型黏剂	Y	包扎服帖，使用方便，可代替黑胶布黏带做电线接头包扎绝缘材料
4	聚氯乙烯薄膜黏带	0.14～0.19	聚氯乙烯薄膜、橡胶型胶黏剂	Y	有一定的电器性能和机械性能，较柔软，黏结力强，但耐热性低（低于Y级），供电压为500～6000V电线接头包扎绝缘用
5	聚酯薄膜黏带	0.05～0.17	聚酯薄膜、橡胶型胶黏剂或聚丙烯酸酯胶黏剂	B	耐热性好，机械强度高，可用作半导体元件密封绝缘材料和电机线圈绝缘材料
6	聚酰亚胺薄膜黏带	0.04～0.07	聚酰亚胺薄膜、聚酰亚胺树脂胶黏剂	C	电气性能和机械性能较高，耐热性优良，但成型温度较高（180～200℃），适用于H级电机线圈绝缘材料和槽绝缘材料
7	聚酰亚胺薄膜黏带	0.05	聚酰亚胺薄膜、F_{46}树脂胶黏剂	C	电气性能和机械性能较高，耐热性优良，但成型温度较高（180～200℃），适用于H级电机线圈绝缘材料和槽绝缘材料，但成型温度更高（300℃以上），可用作H级或C级电机、潜油电机线圈绝缘材料和槽绝缘材料
8	环氧玻璃黏带	0.17	无碱玻璃布、环氧树脂胶黏剂	C	具有较高的电气性能和机械性能，供做变压器铁芯绑扎材料，属B级绝缘材料
9	有机硅玻璃黏带	0.15	无碱玻璃布，有机硅树脂胶黏剂	C	有较高的耐热性、耐寒性和耐潮性，以及较好的电气性能和机械性能，可用作H级电机、电器线圈绝缘材料和导线连接绝缘材料
10	硅橡胶玻璃黏带		无碱玻璃布，硅橡胶胶黏剂	H	有较高的耐热性、耐寒性和耐潮性，以及较好的电气性能和机械性能，可用作H级电机、电器线圈绝缘材料和导线连接绝缘材料，但柔软性较好

序号	名称	厚度（mm）	组成	耐热等级	特点及用途
11	自黏性硅橡胶三角带		硅橡胶、填料、硫化剂	H	
12	自黏性丁基橡胶带		丁基橡胶、薄膜隔离材料等	H	

第三节　磁　性　材　料

常用的磁性材料就是指铁磁性物质。它是电工三大材料（导电材料、绝缘材料和磁性材料）之一，是电器产品中的主要材料。磁化材料通常分为软磁材料（导磁材料）和硬磁材料（永磁材料）两大类。

一、软磁材料

软磁材料的主要特点是磁导率 μ 很高，剩磁 B_r 很小、矫顽力 H_c 很小，磁滞现象不严重，因而它是一种既容易磁化也容易去磁的材料，磁滞损耗小。所以一般都是在交流磁场中使用，是应用最广泛的一种磁性材料。磁导率 μ 表示物质的导磁能力，由磁介质的性质决定其大小。一般把矫顽力 $H_c < 10^3 \, \text{A/m}$ 的磁性材料归类为软磁材料。

软磁材料的品种、主要特点和应用范围见表 3-21。

表 3-21　　　　　　　　软磁材料的品种、主要特点和应用范围

品种	主要特点	应用范围
电工纯铁（牌号 DT）	含碳量在 0.04% 以下，饱和磁感应强度高，冷加工性好，但电阻率低，铁损高，故不能用在交流磁场中，有磁时效现象	一般用于直流磁场
硅钢片（牌号有 DR、RW 或 DQ）	铁中加入 0.8%～4.5% 的硅就是钢，它和电工纯铁相比，电阻率增高，铁损降低，磁时效基本消除，但导热系数降低，硬度提高，脆性增大，适于在强磁场条件下使用	电机、变压器、继电器、互感器、开关等产品的铁芯
铁镍合金（牌号 1J50、1J51 等）	与其他软磁材料相比，磁导率 μ 高，矫顽力 H_c 低，但对应力比较敏感，在弱磁场下，磁滞损耗相当低，电阻率又比硅钢片高，故高频特性好	频率在 1MHz 以下弱磁场中工作的器件，如电视机、精密仪器用特种变压器等
铁铝合金（牌号 1J12 等）	与铁镍合金相比，电阻率高，比重小，但磁导率低，随着含铝量增加（超 10%），硬度和脆性增大，塑性变差	弱磁场和中等磁场下工作的器件如微电机、音频变压器、脉冲变压器、磁放大器

续表

品种	主要特点	应用范围
软磁铁氧体（牌号 R100 等）	属非金属磁化材料，烧结体，电阻率非常高，高频时具有较高的磁导率，但饱和磁感应强度低，温度稳定性也较差	高频或较高频率范围内的电磁元件（磁芯、磁棒、高频变压器等）

二、硬磁材料

硬磁材料的主要特点是剩磁 B_r、矫顽力 H_c 都很大，当将磁化磁场去掉以后，不易消磁，适合制造永久磁铁，被广泛应用于测量仪表、扬声器、永磁发电机及通信装置中。硬磁材料的品种和用途见表 3-22。

表 3-22 硬磁材料的品种和用途

硬磁材料品种			用途举例
铝镍钴合金	铸造铝镍钴	铝镍钴 13	转速表、绝缘电阻表、电能表、微电机、汽车发电机
		铝镍钴 20 铝镍钴 32	话筒、万用表、电能表、电流、电压表、记录仪、消防泵磁电机
		铝镍钴 40	扬声器、记录仪、示波器
	粉末烧结铝镍钴 铝镍钴 9 铝镍钴 25		汽车电流表、曝光表、电器触头、受话器、直流电机、钳形表、直流继电器
铁氧体硬磁材料			仪表阻尼元件、扬声器、电话机、微电机、磁性软水处理
稀土钴硬磁材料			行波管、小型电机、副励磁机、拾音器精密仪表、医疗设备、电子手表
塑料变形硬磁材料			里程表、罗盘仪、计量仪表、微电机、继电器

第四节 特殊导电材料

特殊导电材料除了具备普通导电材料传导电流的作用之外还兼有其他特殊功能，如熔丝有保护功能。另外还有电刷、电阻合金、电热合金等。

一、常用熔体材料

熔体材料是一种最简单方便、价格低廉的保护电器材料。使用十分广泛，主要用于电路短路保护、过负荷等。按其特性可分为两大类，见表 3-23。常用熔丝规格及技术数据见表 3-24。

表 3-23 熔体材料的分类及基本特征

序号	类别	材料	基本特征及用途
1	高熔点纯金属熔体材料	银、铜、锡、铅、锌等	熔点高，熔化时间短，用于快速熔断器或高性能熔断器，作短路保护
2	低熔点合金熔体材料	由不同成分的铋、镉、锡、铅、锑、铟等组成	熔点低，比热小，熔化时间较长，对温度反应敏感，广泛用于保护电炉、电热器等的热过负荷保护

表 3 - 24 常用熔丝规格及技术数据

种类	直径(nm)	近似英规线号(S.W.G)	额定电流(A)	种类	直径(nm)	近似英规线号(S.W.G)	额定电流(A)	熔断电流(A)
青铅合金丝（铅锑熔丝）	0.08	44	0.25	铅锡合金丝	0.508	25	2	3.0
	0.15	38	0.5		0.559	24	2.3	3.5
	0.2	36	0.75		0.61	23	2.6	4.0
	0.22	35	0.8		0.71	22	3.3	5.0
	0.28	32	1		0.813	21	4.1	6.0
	0.29	31	1.05		0.915	20	4.8	7.0
	0.36	28	1.25		1.22	18	7	10.0
	0.40	27	1.5		1.63	16	11	16.0
	0.46	26	1.85		1.83	15	13	19.0
	0.50	25	2		2.03	14	15	22.0
	0.54	24	2.25		2.34	13	18	27.0
	0.60	23	2.5		2.65	12	22	32.0
	0.71	22	3		2.95	11	26	37.0
	0.94	20	5		3.26	10	30	44.0
	1.16	19	6	铜丝	0.23	34	4.3	8.6
	1.26	18	8		0.25	33	4.9	9.8
	1.51	17	10		0.27	32	5.5	11.0
	1.66	16	11		0.32	30	6.8	13.5
	1.75	15	12.5		0.37	28	8.6	17.0
	1.98	14	15		0.46	26	11	22.0
	2.38	13	20		0.56	24	15	30.0
	2.78	12	25		0.71	22	21	41.0
	3.14	10	30		0.80	21	26	53.0
	3.81	9	40		0.91	20	31	62.0
	4.12	8	45		1.02	19	37	73.0
	4.44	7	50		1.22	18	49	98.0
	4.91	6	60		1.42	17	63	125.0
	5.24	4	70		1.63	16	78	156.0
					1.83	15	96	191.0
					2.03	14	115	229.0

二、电阻材料

电阻材料的基本特性是具有高的电阻率和很低的电阻温度系数，稳定性好。电阻材料主要用于调节元件、电工仪器（如电桥、电位差计、标准电阻）、电位器、传感元件等。常用电阻材料的性能及主要用途见表 3 - 25。

表 3 - 25 常用电阻材料的性能及主要用途

序号	名称	主要成分	20℃时电阻率(mm^2/m)	电阻温度系数($10^{-6}℃$)	密度(g/cm^3)	抗拉强度(N/mm^2)	伸长率(%)	最高工作温度	特点	主要用途
1	康铜	Ni、Mn、Cu	0.48	0.50	8.9	400～600	15～30	500	抗氧化性能良好	用作调节电阻

续表

序号	名称	主要成分	20℃时电阻率 (mm^2/m)	电阻温度系数 ($10^{-6}℃$)	密度 (g/cm^3)	抗拉强度 (N/mm^2)	伸长率 (%)	最高工作温度	特点	主要用途
2	新康铜	Mn、Al、Fe、Cu、	0.48	5.0	8.0	400~550	15~30	500	抗氧化性能比康铜差，价格较低	用作调节电阻
3	镍铬	Cr、Ni	1.09	70	8.4	650~800	10~30	500	焊接性能较差	用作启动电阻
4	锰，铜（012级）	Mn、Ni、Cu	0.47	−5~10	8.4	400~550	10~30	45	电阻稳定性高，焊接性能好，抗氧化性能较差	仪器仪表用
5	锰，铜（F1，F2级）	Mn、Ni、Si、Cu	0.4	0~40	8.4	400~550	10~30	80	电阻对温度曲线较平坦	用作分流器
6	硅锰铜	Mn、Si、Cu	0.35	−3~5	8.4	400~550	10~30	45	电阻对温度曲线较平坦	一般仪表用
7	镍铬铝铁	Cr、Al、Fe、Ni	1.33	−20~20	8.1	800~1000	10~25	125	高电阻率，强度高	小型高阻元件用
8	镍锰铬钼	Mn、Cr、Mo、Ni	1.90	−50~50	8.1	1600	6~10	125	高电阻率，强度高	小型高阻元件用

三、电热材料

电热材料主要用于电阻加热设备中的发热体，作为电阻接入电路中，将电能转换为热能。因此，电热材料必须具有高的电阻率、耐高温、抗氧化性好、电阻温度系数小、便于加工成形等优点。常用电热材料的种类及特征见表 3-26。

表 3-26　　　　　　　　　　常用电热材料的种类及特征

序号	名称	工作温度（℃）	特性及用途
1	镍铬合金	900~1150	电阻率较高；加工性能好，可拉成细丝；高温强度较好，用后不变脆，适用于移动式设备上；具有奥式体组织，基本上无磁性
2	铁铬铝合金	900~1400	抗氧化性能比镍铬好；电阻率比镍铬高，密度较小，用料省；不用镍，价较廉；高温强度低，且用后变脆，适用于各种固定设备；加工性能稍差，具有铁素体组织，有磁性
3	高熔点纯金属（铂、钼、钽、钨）	1300~2400	铂可在空气中使用，但其氧化物在高温下挥发影响使用寿命。钨、钼需在惰性气体、真空及氢中使用。钽除不适用氢以外，其他同钨、钼；电阻率较低，电阻温度系数较大（需配调压装置，开始加热时需降低电压，防止电流过大）；材料价格高；适用于实验室或特殊电炉
4	石墨	3000	电阻率较低（需配大电流低电压调压器）；适用于真空或保护气氛中使用

四、电刷材料

电刷的材料大多由石墨制成，为了增加导电性，还有用含铜石墨制成，石墨有良好的导电性，质地软而且耐磨。

电刷可以用于直流电机或交流换向器电机，比如手电钻和角磨机等，与换向器配合来实现电机电流换向。

电刷是电机（除鼠笼式电动机外）传导电流的滑动接触体。在直流电机中，它还担负着对电枢绕组中感应的交变电动势，进行换向（整流）的任务。实践证明：电机运行的可靠性，在很大程度上取决于电刷的性能。

因电刷材料和制造方法不同，常用的电刷可分为以下三种：

（1）石墨电刷（S系列），是用天然石墨加入沥青、煤焦油等黏合而成。质地较软，润滑性能较好，可承受较大的电流密度，适用于负载均匀的电机。

（2）电化石墨电刷（D系列），是将天然石墨、焦炭、炭墨为原料经高温2500℃以上处理后制成。耐磨性好、换向性能好、适用于负载变化大的电机。

（3）金属石墨系列（J系列），是由铜及少量的银、锡、铅等金属粉末渗入石墨中混合制成，导电性优，适用于低电压、大电流、转速较低的电机。

常用电刷的类型、型号、特征和主要用途见表3-27。

表3-27　　　　　　　常用电刷的类别、型号、特征和主要用途

类别	型号对照		基本特征	主要用途
	新	旧		
石墨电刷	S3	S-3	硬度较低，润滑性较好	换向正常，负荷均匀，电压为80～120V的直流电机
	S4	S-4	以天然石墨为基体，树脂为黏结剂的高阻石墨电刷，硬度和摩擦系数较低	换向困难的电机，如交流整流子电动机、高速微型直流电机
	S6	S-6	多孔，软质石墨电刷，硬度低	汽轮发电机的集电环，80～230V的直流电机
电化石墨电刷	D104	DS-4	硬度低，润滑性好，换向性能好	一般用于0.4～200kW直流电机，充电用直流发电机，轧钢用直流发电机，汽轮发电机，绕线转子异步电动机集电环，电焊直流发电机等
	D172	DS-72	润滑性好，摩擦系数低，换向性能好	大型汽轮发电机的集电环，励磁机，水轮发电机的集电环，换向正常的直流电机
	D202	DS-2a	硬度和机械强度较高，润滑性好，耐冲击振动	电力机车用牵引电动机，电压为120～400V的直流发电机
	D207		硬度和机械强度较高，润滑性好，换向性能好	大型轧钢直流电机，矿用直流电机
	D213	DS-13	硬度和机械强度较D214高	汽车、拖拉机的发电机，具有机械振动的牵引电动机
	D214 D215	DS-14	硬度和机械强度较高，润滑、换向性能好	汽轮发电机的励磁机，换向困难，电压在220V以上的带有冲击性负荷的直流电机，如牵引电动机、轧钢电动机
	D252	DS-52	硬度中等，换向性能好	换向困难，电压为120～440V的直流电机，牵引电动机，汽轮发电机的励磁机

续表

类别	型号对照		基本特征	主要用途
	新	旧		
电化石墨电刷	D308 D309	DS-8	质地硬，电阻系数较高，换向性能好	换向困难的直流牵引电动机，角速度较高的小型直流电机，以及电机扩大机
	D373			电力机车用直流牵引电动机
	D374	DS-74D	多孔，电阻系数高，换向性能好	换向困难的高速直流电机，牵引电动机，汽轮发电机的励磁机，轧钢电动机
	D479			换向困难的直流电机
金属石墨电刷	J101 J102 J164	TS TS-2 TS-64	高含铜量，电阻系数小，允许电流密度大	低电压、大电流直流发电机，如：电解、电镀、充电用直流发电机，绕线转子异步电动机的集电环
	J104 J104A			低电压、大电流直流发电机，汽车、拖拉机用发电机
	J201	T-1	中含铜量，电阻系数较高，含铜量电刷大，允许电流密度较大	电压在60V以下的低电压，大电流直流发电机，如：汽车发电机、直流电焊机、绕线转子异步电动机的集电环
	J204	TS-4		电压在40V以下的低电压，大电流直流电机、汽车辅助电动机、绕线转子异步电动机的集电环
	J205	TSQ-5		电压在60V以下的直流发电机，汽车、拖拉机用直流启动电动机，绕线转子异步电动机的集电环
	J206	T-6		电压为25～80V的小型直流电机
	J203 J202	T-3 T-20	低含铜量，与高、中含铜量电刷相比，电阻系数大，允许电流密度较小	电压在80V以下的大电流充电发电机，小型牵引电动机，绕线转子异步电动机的集电环

第四章 低压电器及其应用

第一节 低压电器性能和参数

了解低压电器的主要技术性能、指标和参数对正确选择和使用低压电器元件是十分重要的。低压电器根据其在线路中的作用通常分为两大类：主电路开关电器和辅助电路控制电器。

主电路开关电器是指用于电气控制中配电线路或系统主电路中的开关电器及其组合，主要包括刀开关（或刀形转换开关）、隔离器（隔离开关）、断路器、熔断器、接触器和保护继电器等。这些开关电器在不同电路中有不同的用途和不同的配合关系，其特征和主要参数也各不相同。主电路开关电器的选用首先是要满足电路负载要求，同时要做到所选开关电器在技术、经济指标等方面合理。在满足配电、控制和保护任务的前提下，要充分发挥电器所具备的各种功能和作用。因此，在选用时不但需要了解各种开关电器的用途、分类、性能和主要参数以及有关的选用原则，同时还要分析具体的使用条件和负载要求，例如电源数据、短路特性、负载特点和要求等，以便提出合理的选用要求。

辅助电路控制电器是指在电路中起发布命令、控制、转换和联络作用的开关电器，包括各种主令控制电器、控制继电器、传感器（非电量指示开关）和具有不同功能的其他控制开关等。主电路开关电器上的辅助触头及控制用附件也包括在辅助电路控制电器范围之内。

一、开关电器通断工作类型及参数

1. 开关电器通断工作类型

（1）隔离。隔离是指开关电器具有将电器设备和电源"隔开"的功能，在对电器设备的带电部分进行维修时以确保人员和设备的安全。隔离不仅要求各电流通路之间、电流通路和邻近的接地零部件之间应保持规定的电气间隙，而且要求电器的动、静触头之间也应保持规定的电气间隙。能满足隔离功能的开关电器称为隔离器。如果在维修期间需要确保电器设备一直处于无电状态，应选用操动机构分断位置能上锁的隔离器。

（2）无载（空载）通断。无载（空载）通断是指接通或分断电路时不分断电流，分开的两触头间不会出现明显电压的情况。选用无载通断的开关电器时，必须有其他措施可以保证不会出现有载通断的可能性，否则有造成事故，损坏设备，甚至危及人身安全的危险。无载通断的开关电器仅在某些专门场所使用，如隔离器。

（3）有载通断。有载通断是相对于无载通断而言的，其开关电器需接通和分断一定的负载电流（具体负载电流的数据因负载类型而异）。有的隔离器产品也能在非故障条件下接通和分断电路，其通断能力大致和其需要通断的额定电流相同。产品样本中隔离器和熔断器式隔离器的通断能力常按额定电流的倍数给出，因此，有些隔离器也能分断各种工作过电流，如电动机的启动电流。

（4）控制电动机通断。电动机开关是指用来接通和分断电动机的开关电器或电路，其通断能力应能满足各种型号的电动机按不同工作制（如点动和反接）工作的控制要求。电动机开关有控制开关、电动机用负荷开关、接触器、电动机用断路器及其组合控制电路等。

（5）在短路条件下通断。在短路条件下通断负载应选用有短路保护功能的开关电器。断路器就是一种不仅可以接通和分断正常负载电流、电动机工作电流和过载电流，而且可以接通和分断短路电流的开关电器。

2. 开关电器通断参数

（1）通电持续率。电器的有载时间与工作时间之比，常用百分数表示。

（2）通断能力。开关电器在规定的条件下，能在给定的电压下接通和分断的预期电流值。

（3）分断能力。开关电器在规定的条件下，能在给定的电压下分断的预期分断电流值。

（4）接通能力。开关电器在规定的条件下，能在给定的电压下接通的预期接通电流值。

二、开关电器相关电网参数

实际工作中选用电器开关时，必须考虑电网参数，即额定电压、额定频率和过电流（短路、过载电流）等数据。

当按额定绝缘电压 U_i 和额定工作电压 U_e 选用开关电器时，电网电压和电网频率是决定性因素。额定绝缘电压 U_i 是标准电压，指在规定条件下，用来度量电器及其部件的不同电位部分的绝缘强度、电气间隙和爬电距离的名义电压值。除非另有规定，此值为电器的最大额定工作电压，各种开关电器及其附件的绝缘等级都根据这个电压确定。某一开关电器的额定工作电压 U_e 指在规定条件下，保证电器正常工作的电压值。它又和其他一些因素有关。例如，断路器的工作电压和其通断特性有关，电动机启动器的工作电压则和工作制及使用类别有关。

在三相交流系统中，线电压或相电压是基础数据。开关电器可根据其特性参数，如通断能力和使用寿命，规定不同的额定工作电压值，但开关电器的最高额定工作电压不得超过额定绝缘电压。各种开关电器的额定绝缘电压 U_i 和额定工作电压 U_e 都在相应的产品样本和说明书中列出。

在按短路强度和额定通断能力选用开关电器时，短路点处的短路电流值是一个决定性因素，常用以下指标来衡量。

1. 峰值耐受电流 I_p

峰值耐受电流值是指在规定的使用和性能条件下，开关电器在闭合位置上所能承受的电流峰值。该电流是电路中允许出现的最大瞬时短路电流，其电动力效应也最大。

2. 额定短时耐受电流 I_s

该电流是电路中允许出现的短时电流，指在规定的使用和性能条件下，开关电器在指定的短时间内，在闭合位置上所能承载的电流。

3. 额定短路分断能力

额定短路分断能力是指在规定的条件下，包括开关电器出线端短路在内的分断能力。如断路器在额定频率和给定功率因数、额定工作电压提高 10% 的条件下能够分断短路电流，这个短路电流用短路电流周期分量的有效值表示。

4. 额定短路通断能力

额定短路分断能力是指在规定的条件下，能在给定的电压下接通和分断的预期电流值。有短路保护功能的开关电器的额定短路通断能力是指其在额定工作电压提高 10%，频率和功率因数均为额定值的条件下能够接通和分断的额定电流。额定短路接通能力以电器安装处预期短路电流的峰值为最大值；额定短路分断能力则以短路电流周期分量的有效值表示。

在选用开关电器时应保证它的额定短路通断能力高于电路中预期短路电流的相应数据。

5. 约定脱扣电流

约定脱扣电流是指在约定时间内能使继电器或脱扣器动作的规定电流值。

6. 约定熔断电流

约定熔断电流是指在约定时间内能使熔体熔断的规定电流值。

一般开关电器的分断能力、接通能力和通断能力是指在给定的电压下分断、接通和通断时对应的预期电流值。在选用时应保证开关电器的额定通断能力高于电路中预期电流的相应数据。

三、开关电器动作时间参数

1. 断开时间

断开时间是指开关电器从断开操作开始瞬间起到所有电极的弧触头都分开瞬间为止的时间间隔。

2. 燃弧时间

燃弧时间是指电器分断电路过程中，从触头断开或熔体熔断出现电弧的瞬间开始，至电弧完全熄灭为止的时间间隔。

3. 分断时间

分断时间是指从开关电器的断开时间开始起到燃弧时间结束为止的时间间隔。

4. 接通时间

接通时间是指开关电器从闭合操作开始瞬间起到电流开始流过主电路瞬间为止的时间间隔。

5. 闭合时间

闭合时间是指开关电器从闭合操作开始瞬间起到所有电极的触头都接触瞬间为止的时间间隔。

6. 通断时间

通断时间是指从电流开始在开关电器一个极流过瞬间起到所有电极的电弧最终熄灭瞬间为止的时间间隔。

四、颜色标志

为了保证正确操作、防止事故，使各电器元件与装备之间的接线、配线、敷线和相对安装位置及它们之间的电连接关系易于识别，进而方便设备的操作和维护，并能够及时排除故障以及确保人身和设备的安全，需要对各种绝缘导线的连接标记、颜色、指示灯的颜色及接线端子的标记做出统一规定。

表4-1列出了指示灯的颜色及含义，表4-2列出了按钮的颜色及含义。指示灯和按钮的选色原则是依据指示灯被接通（发光、闪光）后所反映的信息或按钮被操作（按压）后所引起的功能来选色。

表 4 - 1 　　　　　　　　　　指示灯的颜色及含义

颜色	含义	解释	典型应用
红色	异常情况或警报	对可能出现危险和需要立即处理的情况警报	温度超过规定（或安全）限制，设备的重要部分已被保护电器切断

续表

颜色	含义	解释	典型应用
黄色	警告	状态改变或变量接近其极限值	温度偏离正常值出现，允许存在一定时间的过载现象
绿色	准备、安全	安全运行条件指示或机械准备启动	冷却系统运转
蓝色	特殊指示	上述几种颜色即红、黄、绿色未包括的任一种功能	选择开关处于指定位置
白色	一般信号	上述几种颜色即红、黄、绿、蓝色未包括的各种功能，如某种动作正常	

表 4 - 2　　　　　　　　　　按钮的颜色及含义

颜色	含义	典型应用
红色	危险情况下的操作	紧急停止
	停止或分断	全部停机；停止一台或多台电动机；停止一台机器的某一部分、使电器元件失电，有停止功能的复位按钮
黄色	应急、干预	应急操作，抑制不正常情况或中断不理想的工作周期
绿色	启动或接通	启动一台或多台电动机；启动一台机器的一部分，使某电器元件加电
蓝色	上述几种颜色即红、黄、绿色未包括的任一种功能	
黑色、灰色、白色	无专门指定功能	可用于停止和分断以外的任何情况

　　指示灯的作用是借以指示某个指令、某种状态、某些条件或某类演变正在执行或已被执行，从而引起操作者注意或指示操作者应做的某种操作。指示灯的闪光信息则引起操作者进一步注意或需立即采取行动等。

　　对于按钮的颜色，红色按钮用于停止、断电；绿色按钮优先用于启动或通电，但也允许选用黑、白色或灰色按钮；一钮双用的，如启动与停止、通电与断电或交替按压后改变功能的，应用黑、白色或灰色按钮；按压时运动，抬起时停止运动（如点动、微动），应用黑、白、灰色或绿色按钮，最好是黑色按钮；用于单一复位功能的，用蓝、黑、白色或灰色按钮；同时有复位、停止与断电功能的，用红色按钮。灯光按钮不得用作事故按钮。

第二节　常用电气图形和文字符号

　　电气控制线路图是工程技术的通用语言，它由各种电器元件的图形、文字符号要素组成。为了便于交流与沟通，应使用国家标准规定的有关电气设备的标准化图形符号。表 4 - 3 列出了常用电气图形、文字符号以供参考，详细的内容请参见有关文献。

表 4 - 3   常用电气图形、文字符号

类别	名称	图形符号	文字符号	类别	名称	图形符号	文字符号
开关	单极控制开关		SA	位置开关	动合触头		SQ
	手动开关一般符号		SA		动断触头		SQ
	三极控制开关		QS		复合触头		SQ
	三极隔离开关		QS	按钮	动合按钮		SB
	三极负荷开关		QS		动断按钮		SB
	组合旋钮开关		QS		复合按钮		SB
	低压断路器		QF		急停按钮		SB
接触器	线圈操作器件		KM	热继电器	热元件		FR
	动合主触头		KM		动断触头		FR
	动合辅助触头		KM	中间继电器	线圈		KA
	动断辅助触头		KM		动合触头		KA
时间继电器	通电延时（缓吸）线圈		KT		动断触头		KA

类别	名称	图形符号	文字符号	类别	名称	图形符号	文字符号
时间继电器	断电延时（缓放）线圈		KT	电流继电器	过电流线圈		KA
	瞬时闭合的动合触头		KT		欠电流线圈		KA
	瞬时断开的动断触头		KT		动合触头		KA
	延时闭合的动合触头		KT		动断触头		KA
	延时断开的动断触头		KT	电压继电器	过电压线圈		KV
	延时闭合的动断触头		KT		欠电压线圈		KV
	延时断开的动合触头		KT		动合触头		KV
发电机	发电机		G		动断触头		KV
	直流测速发电机		TG	电动机	三相笼型异步电动机		M
变压器	单相变压器		TC		三相绕线式转子异步电动机		M
	三相变压器		TM		他励直流电动机		M
接插器	插头和插座	或	X 插头 XP 插座 XS		并励直流电动机		M
非电量控制的继电器	速度继电器动合触头		KS		串励直流电动机		M
	压力继电器动断触头		KP	熔断器	熔断器		FU

类别	名称	图形符号	文字符号	类别	名称	图形符号	文字符号
灯	信号灯（指示灯）	⊗	HL	互感器	电压互感器	∃{	TV
	照明	⊗	EL		电流互感器	ξ	TA

在绘制电气控制线路图中的支路、元件和接点等时，一般都要加上标号。主电路标号由文字和数字组成。文字用以标明主电路中的元件或线路的主要特征；数字用以区别电路的不同线段。如三相交流电源引入线端采用 L1、L2、L3 标号，电源开关之后的三相交流电源主电路和负载端分别标 U、V、W。如 U11 表示电动机的第一相的第一个接点，U21 为第一相的第二个接点，依此类推。控制电路由三位或三位以下的数字组成，交流控制电路的标号一般以主要压降元件（如电器元件线圈）为分界，左侧用奇数标号，右侧用偶数标号。直流控制电路中正极按奇数标号，负极按偶数标号。

第三节　刀　开　关

一、典型刀开关结构及应用

刀开关是低压电器中结构比较简单，应用十分广泛的一类手动操作电器，其主要作用是将电路和电源明显地隔开，以保障检修人员的安全，有时也用于直接启动笼型异步电动机。

1. 开启式刀开关

开启式刀开关由手柄、触刀、静插座、铰链支座和绝缘底板等组成，依靠手动来实现触刀插入插座与脱离插座的控制。对于额定电流较小的开启式刀开关，插座多用硬紫铜制成，依靠材料的弹性来产生接触压力；额定电流较大的开启式刀开关，则要通过插座两侧加设弹簧片来增加接触压力。为使开启式刀开关分断时有利于灭弧，加快分断速度，有带速断刀刃的开启式刀开关与触刀能速断的开启式刀开关，有时还装有灭弧罩。按刀的极数有单极、双极与三极之分。图 4-1 所示为开启式刀开关。

开启式刀开关的主要技术参数有额定电压、额定电流、通断能力、动稳定电流、热稳定电流等。其中动稳定电流是电路发生短路故障时，开启式刀开关并不因短路电流产生的电动力作用而发生变形、损坏或触刀自动弹出之类的现象，这一短路电流（峰值）即为开启式刀开关的动稳定电流，可高达额定电流的数十倍。热稳定电流是指发生短路故障时，开启式刀开关在一定

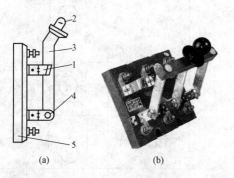

图 4-1　开启式刀开关

（a）结构图；（b）实物图

1—静插座；2—手柄；3—触刀；4—铰链支座；5—绝缘底板

时间（通常为 1s）内通过某一短路电流，并不会因温度急剧升高而发生熔焊现象，这一最大短路电流，称为开启式刀开关的热稳定电流。热稳定电流也可以高达额定电流的数十倍。

目前常用的开启式刀开关产品有两大类，一类是带杠杆操动机构的单投或双投刀开关，这种刀开关能切断额定电流值以下的负载电流，主要用于低压配电装置中的开关板或动力箱等产品，属于这一类的产品有 HD12、HD13 和 HD14 系列单投刀开关，以及 HS12、HS13系列双投刀开关。另外一类是中央手柄式的单投或双投刀开关，这类刀开关不能分断电流，只能作为隔离电源用的隔离器，主要用于一般的控制屏。属于这一类的产品主要有 HD11 和HS11 系列单投和双投刀开关。

2. 开启式负荷开关

开启式负荷开关俗称瓷底胶壳刀开关，是一种结构简单、应用最广泛的手动电器，常用作交流额定电压 380/220V、额定电流 100A 的照明配电线路的电源开关和小容量电动机非频繁启动的操作开关。

开启式负荷开关由操作手柄、熔丝、触刀、触刀座和底座组成，如图 4 - 2（a）所示。与开启式刀开关相比，负荷开关增设了熔丝与防护胶壳两部分，防护胶壳的作用是防止操作时电弧飞出灼伤操作人员，并防止极间电弧造成电源短路，因此操作前一定要将胶壳安装好。熔丝主要起短路和严重过电流保护作用。开启式负荷开关的常用产品有 HK1 和 HK2系列。表 4 - 4 为 HK2 系列开启式负荷开关的基本技术数据。

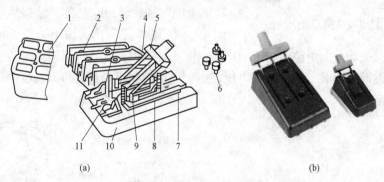

图 4 - 2 HK 系列开启式负荷开关结构示意图

（a）结果图；（b）实物图

1—上胶盖；2—下胶盖；3—触刀座；4—触刀；5—瓷柄；6—胶盖紧固螺帽；7—出线端子；8—熔丝；
9—触刀铰链；10—瓷底座；11—进线端子

表 4 - 4　　　　　　　　　　HK2 系列开启式负荷开关基本技术数据

额定电压 （V）	额定电流 （A）	级数	熔体极限分断能力 （A）	控制电动机功率 （kW）	机械寿命 （次）	电气寿命 （次）
250	10	2	500	1.1	10000	2000
	15		500	1.5		
	30		1000	3		
380	15	3	500	2.2	10000	2000
	30		1000	4		
	60		1000	5.5		

3. 封闭式负荷开关

封闭式负荷开关俗称铁壳开关，一般在电力排灌、电热器、电气照明线路的配电设备中，作为手动不频繁地接通与分断负荷电路用。其中容量较小者（额定电流为 60A 及以下的），还可用作交流异步电动机非频繁全压启动的控制开关。

封闭式负荷开关主要由触头和灭弧系统、熔体及操动机构等组成，并将其装于一防护铁壳内。其操动机构有两个特点：①采用储能合闸方式，即利用一根弹簧以执行合闸和分闸的功能，使开关的闭合和分断速度与操作速度无关，既有助于改善开关的动作性能和灭弧性能，又能防止触头停滞在中间位置；②设有联锁装置，以保证开关合闸后便不能打开箱盖，而在箱盖打开后，不能再合开关。封闭式负荷开关的外形如图 4-3 所示。

封闭式负荷开关的常用产品有 HH3、HH4、HH10、HH11 等系列，其最大额定电流可达 400A，分二极和三极两种形式。

4. 组合开关

组合开关也是一种刀开关，不过它的刀片是转动式的，操作比较轻巧。它的动触头（刀片）和静触头装在封闭的绝缘件内，采用叠装式结构，其层数由动触头数量决定。动触头装在操作手柄的转轴上随转轴旋转而改变各对触头的通断状态，如图 4-4 和图 4-5 所示。由于采用了扭簧储能，组合开关可快速接通和分断电路而与手柄旋转速度无关，因此它不仅可用作不频繁地接通与分断电路、转接电源和负载、测量三相电压，还可用于控制小容量异步电动机的正反转和星形—三角形降压启动。

图 4-3　封闭式负荷开关的外形

图 4-4　组合开关的触头系统
1—触头座；2—隔地板；3—静触头；
4—动触头；5—转轴

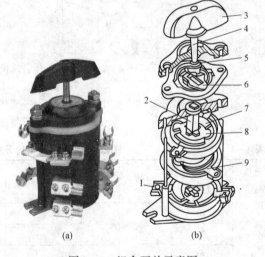

(a)　　　　　　　(b)

图 4-5　组合开关示意图
(a) 实物图；(b) 结构图
1—接线柱；2—绝缘杆；3—手柄；4—转轴；5—弹簧；
6—凸轮；7—绝缘垫板；8—动触头；9—静触头

图 4-5 中，组合开关沿转轴 4 自下而上分别安装了三层开关组件，每层上均有一个动触头 8、一对静触头 9 及一对接线柱 1，各层分别控制一条支路的通与断，形成组合开关的三极。当手柄 3 每转过一定角度，就带动固定在转轴上的三层开关组件中的三个动触头同时转动至一个新位置，在新位置上分别与各层的静触头接通或断开。

组合开关有单级、双级和多级之分，其主要技术参数有额定电流、额定电压、允许操作频率、可控制电动机最大功率等。常用产品有 HZ5、HZ15 系列。

5. 熔断器式隔离器

熔断器式隔离器是一种新型电器，有多种结构形式，一般多采用由填料熔断器和刀开关组合而成，广泛应用于开关柜或与终端电器配套的电器装置中，作为线路或用电设备的电源隔离开关及严重过载和短路保护用。在回路正常供电的情况下接通和切断电源由刀开关来承担，当线路或用电设备过载或短路时，熔断器的熔体熔断，及时切断故障电流。常用熔断器式隔离器产品主要有 HG13、HD17 和 HD18 等系列。HG13 系列为旋转操作型，HD17 系列有手柄和杠杆操作两种，两系列产品的最大额定电流均为 1600A。HD18 系列为换代产品，采用组合式结构，有人力操作（手柄）和动力操作两种，最大额定电流 4000A。熔断器式刀开关主要有 HR3、HR5 和 HR11 系列。HR3 系列由 RT 系列熔断器和刀开关组成，带操动机构，有前操作前维修、前操作后维修和侧操作前维修等结构布置形式，最大额定电流为 1000A。HR5 系列为更新设计产品，采用 NT 系列熔断器，带弹簧储能机构，有断相保护功能，最大电流 630A。HR11 系列配用 RT15 型熔断器，弹簧储能式操动机构，单杆抽拉式手柄，最大额定电流 4000A。

二、刀开关选用原则

刀开关的主要功能是隔离电源。在满足隔离功能要求的前提下，选用刀开关的主要原则是保证其额定绝缘电压和额定工作电压不低于线路的相应数据，额定工作电流不小于线路的计算电流。当要求有通断能力时，必须选用具备相应额定通断能力的刀开关。如需接通短路电流，则应选用具备相应短路接通能力的刀开关。

选择刀开关电路特性时，要根据线路要求决定电路数、触头种类和数量。有些产品是可以改装的，制造厂可在一定范围内按订货要求满足不同的需要。

第四节 熔 断 器

熔断器是一种结构简单、使用方便、价格低廉的保护电器。它是一种利用热效应原理工作的电流保护电器，广泛应用于低压配电系统和控制系统及用电设备中，是电工技术中应用最普遍的保护器件。使用时，熔断器串接于被保护电路中，当电路发生短路故障时，熔体被瞬时熔断而分断电路，故熔断器主要用于短路保护。

电气设备的电流保护有两种主要形式：过载延时保护和短路瞬时保护。过载一般是指 10 倍额定电流以下的过电流，而短路则是指超过 10 倍额定电流以上的过电流。过载延时保护和短路瞬时保护有三点不同：①电流的倍数不同；②特性不同，过载需反时限保护特性，而短路则需要瞬时保护特性；③参数不同，过载要求熔化系数小，发热时间常数大，而短路则要求较大的限流系数，较小的发热时间常数，较高的分断力和较低的过电压。从工作原理看，过载动作的物理过程主要是熔化过程，而短路则主要是电弧的熄灭过程。

熔断器与其他开关电器组合可构成各种熔断器组合电器，如熔断器式隔离器、熔断器式刀开关、隔离器熔断器组和负荷开关等。

一、熔断器工作原理

熔断器结构上一般由熔管（或座）、熔体、填料及导电部件等部分组成。其中，熔管一般是由硬质纤维或瓷质绝缘材料制成的封闭或半封闭式管状外壳。熔体装于其内，并有利于熔体熔断时熄灭电弧。熔体是由金属材料制成的，可以是丝状、带状、片状或笼状。除丝状外，其他熔体通常制成变截面结构，目的是改善熔体材料性能及控制不同故障情况下的熔化时间。

熔体材料分为低熔点材料和高熔点材料两大类。目前常用的低熔点材料有锑铅合金、锡铅合金、锌等，高熔点材料有铜、银和铝等。铝比银的熔点低，而比铅、锌的熔点高。铝的电阻率比银、铜的大。铜的熔点最高为 $1083℃$，而锡的熔点最低为 $232℃$。对于高分断能力的熔断器通常用铜做主体材料，而用锡及其合金作辅助材料，以提高熔断器的性能。熔体是熔断器的心脏部件，它应具备的基本性能是功耗小、限流能力强和分断能力高。填料也是熔断器中的关键材料，目前广泛应用的填料是石英砂。石英砂主要有两个作用，作为灭弧介质和帮助熔体散热，从而有助于提高熔断器的限流能力和分断能力。

熔体串接于被保护电路中，当电路发生短路或过电流时，通过熔体的电流使其发热，当达到熔体金属熔化温度时就会自行熔断。这期间伴随着燃弧和熄弧过程，随之切断故障电路，起到保护作用。因为当电路正常工作时，熔体在额定电流下不应熔断，所以其最小熔化电流必须大于额定电流。最小熔化电流是指当通过熔体的电流等于这个电流值时，熔体能够达到其稳定温度并且熔断。

熔断器的主要特性为熔断器的安秒特性，即熔断器的熔断时间 t 与熔断电流 I 的关系曲线。因 $t \propto 1/I^2$，所以熔断器的安秒特性如图 4-6 所示。图中，I_∞ 为最小熔化电流或称临界电流，即通过熔体的电流小于此电流时不会熔断，所以选择的熔体额定电流 I_N 小于 I_∞。通常，$I_N/I_\infty \approx 1.5 \sim 2$，称为熔化系数，该系数反映熔断器在过载时的保护特性。若要使熔断器能保护小过载电流，则熔化系数应低些；为避免电动机启动时的短时过电流，熔体熔化系数应高些。

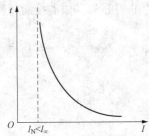

图 4-6　熔断器的安秒特性

二、典型熔断器结构及应用

低压熔断器的产品系列、种类很多，常用产品系列有 RL 系列螺旋式熔断器、RC 系列插入式熔断器、R 系列玻璃管式熔断器、RT 系列有填料密封管式熔断器、RM 系列无填料密封管式熔断器、NT/RT 系列高分断能力熔断器、RLS/RST/RS 系列半导体器件保护用快速熔断器、HG 系列熔断器式隔离器和特殊熔断器（如断相自动显示熔断器、自复式熔断器）等。

1. 插入式熔断器

插入式熔断器又称瓷插式熔断器，如图 4-7 所示。这种熔断器一般用于民用交流 $50Hz$、额定电压至 $380V$、额定电流 $200A$ 以下的低压照明线路末端或分支电路中，用于短路保护及高倍过电流保护。熔断器所用熔体材料主要是软铅丝和铜丝，使用时应按产品目录选用合适的规格。插入式熔断器主要由瓷盖、瓷座、动触头、静触头和熔丝等组成。常用产品有 RC1A 系列，主要用于低压分支电路的短路保护。

2. 螺旋式熔断器

螺旋式熔断器广泛应用于工矿企业低压配电设备、机械设备的电气控制系统中，用于短路和过电流保护，其结构如图 4-8 所示。螺旋式熔断器主要由瓷帽、熔管、瓷套、上接线端、下接线端和底座等组成。熔体是一个瓷管，内装有石英砂和熔丝，熔丝的两端焊在熔体两端的导电金属端盖上，其上端盖中有一个染有红漆的熔断指示器。当熔体熔断时，熔断指示器弹出、脱落，透过瓷帽上的玻璃孔可以看见。熔断器熔断后，只

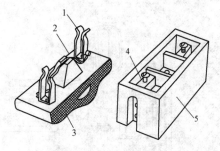

图 4-7 插入式熔断器
1—动触头；2—熔丝；3—瓷盖；4—静触头；
5—瓷座

要更换熔体即可。螺旋熔断器两个接线端的位置一个高一个低，为了更换熔体时能够保证安全，配线时电源进线端接螺旋熔断器的高位接线端，电源出线端接螺旋熔断器的低位接线端。

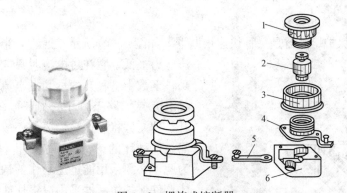

图 4-8 螺旋式熔断器
1—瓷帽；2—熔管；3—瓷套；4—上接线端；5—下接线端；6—底座

3. 有填料高分断能力熔断器

有填料高分断能力熔断器广泛应用于各种低压电气线路和设备中作为短路和过电流保护。其结构一般为密封管式，产品种类很多，典型产品有 NT 系列和 RT 系列高分断能力熔断器。NT 系列是引进德国 AEG 公司技术生产的产品，RT 系列是国内型号。有填料高分断能力熔断器是全范围熔断器，能分断从最小熔化电流至其额定分断能力（120kA）之间的各种电流，额定电流最大为 1250A，过电流选择比为 1.6：1，具有较好的限流作用。其外形结构如图 4-9 所示。

由图 4-9 可见，熔断器由瓷底座 1、弹簧片 2、管体 3、绝缘手柄 4、熔体 5 等组成，并有撞击器等附件。熔断器底座采用整体瓷板结构或采用两块瓷块安装于钢板制成的底板组合结构。熔体是采用紫铜箔冲制的网状多根并联形式的熔片，中间部位有锡桥，装配时将熔片围成笼状，以充分发挥填料与熔体接触的作用，这样既可均匀分布电弧能量而提高分断能力，又可使管体受热比较均匀而不易使其断裂。熔断指示器是个机械信号装置，指示器上焊有一根很细的康铜丝，它与熔体并联，在正常情况下，由于康铜丝电阻很大，电流基本上从熔体流过，只有在熔体熔断之后，电流才转到康铜丝上，使它立即熔断，而指示器便在弹簧作用下立即向外弹出，显出醒目的红色信号。

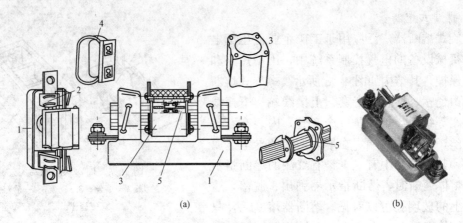

图 4 - 9　有填料密封管式熔断器

(a) 结构图；(b) 实物图

1—瓷底座；2—弹簧片；3—管体；4—绝缘手柄；5—熔体

4. 半导体器件保护熔断器

半导体器件保护熔断器是一种快速熔断器，如图 4 - 10 所示。通常，半导体器件的过电流能力极低，它在过电流时只能在极短时间（数毫秒至数十毫秒）内承受过电流。如果其工作于过电流或短路条件下，则 PN 结的温度急剧上升，硅元件将迅速被烧坏。一般熔断器的熔断时间是以秒计的，所以不能用来保护半导体器件，为此，必须采用能迅速动作的快速熔断器。半导体器件保护熔断器采用以银片冲制的有 V 形深槽的变截面熔体。

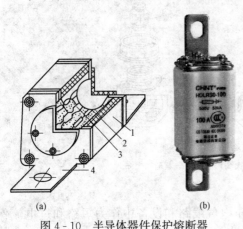

图 4 - 10　半导体器件保护熔断器

(a) 结构图；(b) 实物图

1—熔管；2—石英砂填料；3—熔体；4—接线端子

目前，常用的快速熔断器有 RS、NGT 和 CS 系列等。RSO 系列快速熔断器用于大容量硅整流元件的过电流和短路保护，而 RS3 系列快速熔断器用于晶闸管的过电流和短路保护。此外，还有 RLS1 和 RLS2 系列的螺旋式快速熔断器，其熔体为银丝，它们适用于小容量的硅整流元件和晶闸管的短路或过电流保护。

三、熔断器选用原则

低压熔断器的主要参数有额定电压、额定电流、额定分断电流等。选用时，应首先根据实际使用条件确定熔断器的类型，包括选定合适的使用类别和分断范围。在保证使熔断器的最大分断电流大于线路中可能出现的峰值短路电流有效值的前提下，选定熔体的额定电流，同时使熔断器的额定电压不低于线路额定电压。但当熔断器用于直流电路时，应注意制造厂提供的直流电路数据或与制造厂协商，否则应降低电压使用。

选择熔断器的类型时，主要依据负载的保护特性和预期短路电流的大小。例如，对用于保护照明和小容量电动机的熔断器，一般考虑它们的过电流保护；而对于大容量的照明线路和电动机，主要考虑短路保护及短路时的分断能力；除此以外，还应考虑加装过电流保护。

第五节 低压断路器

低压断路器俗称空气开关，是低压配电网中的主要电器开关之一。它不仅可以接通和分断正常负载电流、电动机工作电流和过载电流，而且可以接通和分断短路电流。低压断路器主要在不频繁操作的低压配电线路或开关柜中作为电源开关使用，同时对线路、电器设备及电动机等实行保护。当它们发生严重过电流、过载、短路、断相、漏电等故障时，能自动切断线路，起到保护作用，应用十分广泛。根据用途的不同，断路器可配备不同的脱扣器或继电器。脱扣器是断路器本身的一个组成部分，而继电器则通过与断路器操动机构相连的欠电压脱扣器或分励脱扣器的动作控制断路器。

低压断路器按结构型式分为万能框架式、塑壳式和模数式三种。根据断路器在电路中不同用途，断路器被分为配电用断路器、电动机保护用断路器和其他负载用断路器等。

一、低压断路器工作原理

低压断路器由以下三个基本部分组成：

（1）触头和灭弧系统。这一部分是执行电路通断的主要部件。

（2）具有不同保护功能的脱扣器。由具有不同保护功能的各种脱扣器可以组合成不同性能的低压断路器。

（3）自由脱扣器和操动机构。这一部分是联系以上两部分的中间传递部件。

低压断路器的主触头一般由耐电弧的银钨合金制成，采用灭弧栅片灭弧。主触头是由操动机构和自由脱扣器操纵其通断的，可用操作手柄操作，也可用电磁机构远距离操作。在正常情况下，触头可接通、分断工作电流。当出现故障时，触头能快速及时地切断高达数十倍额定电流的故障电流，从而保护电路及电路中的电器设备。

图 4-11 中断路器处于闭合状态，三个主触点通过传动杆与锁扣保持闭合，锁扣可绕轴转动。当电路正常运行时，电磁脱扣器的电磁线圈虽然串接在电路中，但所产生的电磁吸力不能使衔铁动作，只有当电路中的电流达到动作电流时，衔铁才被迅速吸合，同时撞击杠杆，使锁扣脱扣，主触点被弹簧迅速拉开将主电路分断。一般电磁脱扣器是瞬时动作的。图 4-11 中尚有双金属片制成的热脱扣器。热脱扣器是反时限动作的，用于过载保护。在电路中电流过载达一定倍数并经过一段时间后，热脱扣器动作使主触点断开主电路。电磁脱扣器和热脱扣器合称复式脱扣器。图 4-11 中的欠压机构在正常运行时衔铁吸合，当电源电压降低到额定电压的 $40\% \sim 75\%$

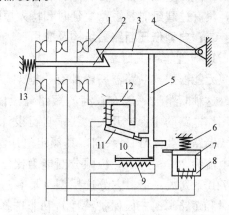

图 4-11 低压断路器的结构和工作原理图
1—主触头；2—传动杆；3—锁扣；4—轴；
5—杠杆；6、13—弹簧；7、11—衔铁；8—欠压机构；
9—发热元件；10—双金属片；12—电磁脱扣器

时，吸力减小，衔铁被弹簧拉开并撞击杠杆，使锁扣脱扣，实现欠压保护。

在低压断路器正常工作时，分励脱扣线圈不通电，衔铁处于打开位置。当需要实现远距离操作时，可按下停止按钮，或在保护继电器动作时，使分励脱扣线圈通电，其衔铁动作，使低压断路器断开。电路中串联的低压断路器动合辅助触点，是供分励脱扣线圈断电时用的。低压断路器还可附装辅助触点，用于欠压脱扣器及分励脱扣器电路和信号灯电路。

　　低压断路器主要技术参数有额定电压、额定电流、通断能力、分断时间等，其中通断能力是指断路器在规定的电压、频率以及规定的线路参数（交流电路为功率因数，直流电路为时间常数）下，所能接通和分断的短路电流值。分断时间是指切断故障电流所需的时间，它包括固有断开时间和燃弧时间。另外，断路器的动作时间与过载和过电流脱扣器的动作电流的关系称为断路器的保护特性，如图 4-12 所示。

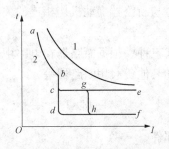

图 4-12　低压断路器的保护特性
1—保护对象的发热特性；
2—低压断路器的保护特性

　　为了能起到良好的保护作用，断路器的保护特性应同保护对象的允许发热特性匹配，即断路器保护特性 2 应位于保护对象的允许发热特性 1 之下，只有这样，保护对象方能不因受到不能允许的短路电流而损坏。为了充分利用电器设备的过载能力和尽可能缩小事故范围，断路器的保护特性必须具有选择性，即它应当是分段的。在图 4-12 中，断路器保护特性的 ab 段是过载保护部分，它是反时限的，即动作时间的长短与动作电流的平方成反比，过载电流越大，则动作时间越短。df 段是瞬时动作部分，只要故障电流超过与 d 点相对应的电流值，过电流脱扣器便瞬时动作，切除故障电流。ce 段是定时限延时动作部分，只要故障电流超过与 c 相对应的电流值，过电流脱扣器经过一定的延时后动作，切除故障电流。根据需要，断路器的保护特性可以是两段式，如 $abdf$，即有过载延时和短路瞬时动作，或如 $abce$，即有过载延时和短路延时动作。为了获得更完善的选择性和上下级开关间的协调配合，还可以有三段式的保护特性，具有过载延时、短路短延时和特大短路的瞬时动作。

二、典型低压断路器结构及应用

1. 万能框架式断路器

万能框架式断路器一般都有一框架结构底座，所有的组件均进行绝缘后安装于此底座中。这种断路器一般有较高的短路分段能力和动稳定性，多用作电路的主保护开关。我国自行设计并生产的典型框架式断路器为 DW15 系列，其额定电压为交流 380V，额定电流为 200～400A，极限分断能力比已趋淘汰的老产品 DW10 系列大一倍，它分选择型（具有过载延时、短路短延时和短路瞬时三段保护特性）和非选择型两种产品，选择型的采用半导体脱扣器。DW15 系列断路器的外形如图 4-13 所示。

　　在 DW15 系列断路器的结构基础上，适当改变触点的结构而制成的 DW15 系列限流式断路器，具有快速断开和限制短路电流上升的特点，特别适用于可能发生特大短路电流的电路中。在正常情况下，它也可作为电路的不频繁通断及电动机的不频繁启动用。

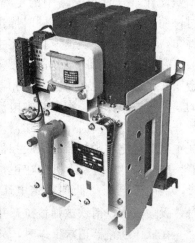

图 4-13　DW15 系列断路器外形图

2. 塑料外壳式断路器

塑料外壳式断路器的主要特征是有一个采用聚酯绝缘材料模压而成的外壳，触点系统、灭弧室及脱扣器等均安装于塑料外壳内。接线方式分为板前接线和板后接线两种。大容量产品的操动机构采用贮能式，小容量（50A以下）常采用非贮能式闭合，操作方式多为手柄扳动式。塑料外壳式断路器多为非选择型，根据断路器在电路中的不同用途，分为配电用断路器、电动机保护用断路器和其他负载（如照明）用断路器等。常用于低压配电开关柜（箱）中，作配电线路、电动机、照明电路及电热器等设备的电源控制开关及保护。在正常情况下，断路器可分别作为线路的不频繁转换及电动机的不频繁启动之用。常用的塑料外壳式低压断路器有DZ5、DZ10、DZX10、DZ15、DZX19、DZ20等系列，其中DZX10和DZX19系列为限流式断路器。

以DZ20系列塑料外壳式断路器为例，其结构外观如图4-14所示。该断路器由绝缘外壳、操动机构、灭弧系统、触头系统和脱扣器四个部分组成。断路器的操动机构采用传统的四连杆结构方式，具有弹簧储能，快速"合""分"的功能。具有使触头快速合闸和分断的功能，其"合""分""再扣"和"自由脱扣"位置以手柄位置来区分。灭弧系统是由灭弧室和其周围绝缘封板、绝缘夹板所组成。绝缘外壳由绝缘底座、绝缘盖、进出线端的绝缘封板所组成。绝缘底座和盖是断路器提高通断能力、缩小体积、增加额定容量的重要部件。触头系统由动触头、静触头组成。630A及以下的断路器，其触头为单点式；1250A断路器的动触头由主触头及弧触头组成。

图4-14 DZ20系列塑料外壳式断路器

3. 模数化小型断路器

模数化小型断路器是终端电器中的一大类，是组成终端组合电器的主要部件之一。终端电器是指装于线路末端的电器，该处的电器对有关电路和用电设备进行配电、控制和保护等。模数化小型断路器在结构上具有外形尺寸模数化（9mm的倍数）和安装导轨化的特点，单极断路器的模数宽度为18mm，凸颈高度为45mm，它安装在标准的35mm×15mm电器安装轨上，利用断路器后面的安装槽及带弹簧的夹紧卡子定位，拆卸方便。断路器由操动机构、热脱扣器、电磁脱扣器、触头系统、灭弧室等部件组成，所有部件置于一个绝缘外壳中，有的产品备有报警开关、辅助触头组、分励脱扣器、欠压脱扣器和漏电脱扣器等附件，供需要时选用。图4-15中，断路器的短路保护由电磁脱扣器完成；过载保护采用双金属片式热脱扣器完成。额定电流在5A以下采用复式加热方式，额定电流在5A以上采用直接加热方式。该系列断路器可作为线路和交流电动机等的电源控制开关及过载、短路等保护之用，广泛应用于工矿企业、建筑及家庭等场所。图4-16和图4-17是该类断路器的外观、外形尺寸和安装尺寸示意图。

三、低压断路器选用原则

低压断路器的使用应根据具体的条件选择使用类别、额定工作电压、额定工作电流、脱扣器整定电流和分励、欠压脱扣器的电压电流等参数，参照产品样本提供的保护特性曲线选用保护特性，并需对短路特性和灵敏系数进行校验。当与另外的断路器或其他保护电器之间有配合要求时，应选用选择型断路器。

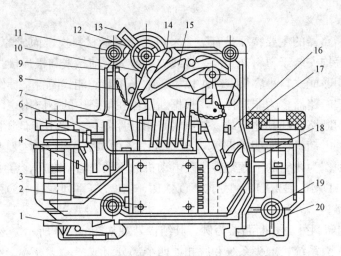

图 4-15　模数化小型断路器内部结构示意图

1—安装卡子；2—灭弧罩；3—接线端子；4—连接排；5—热脱扣调节螺栓；6—嵌入螺母；7—电磁脱扣器；
8—热脱扣器；9—锁扣；10、11—复位弹簧；12—手柄轴；13—手柄；14—U 型连杆；15—脱钩；16—盖；
17—防护罩；18—触头；19—铆钉；20—底座

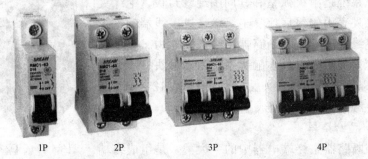

图 4-16　模数化小型断路器的外貌图

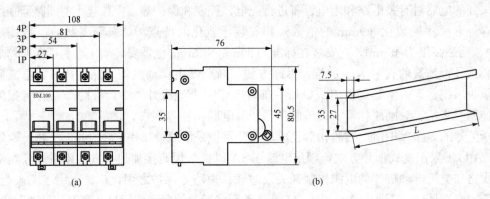

图 4-17　模数化小型断路器外形尺寸和安装导轨示意图（mm）

（a）外形尺寸；（b）安装导轨

1. 额定工作电压和额定电流

低压断路器的额定工作电压 U_e 和额定电流 I_e 应分别不低于线路、设备的正常额定工作电压和工作电流或计算电流。断路器的额定工作电压与通断能力及使用类别有关，同一台断路器产品可以有几个额定工作电压和相对应的通断能力及使用类别。

2. 长延时脱扣器整定电流 I_{r1}

所选断路器的长延时脱扣器整定电流 I_{r1} 应大于或等于线路的计算负载电流，可按计算负载电流的 $1\sim1.1$ 倍确定；同时应不大于线路导体长期允许电流的 $0.8\sim1$ 倍。

3. 瞬时或短延时脱扣器的整定电流 I_{r2}

所选断路器的瞬时或短延时脱扣器整定电流 I_{r2} 应大于线路尖峰电流。配电断路器可按不低于尖峰电流 1.35 倍的原则确定，电动机保护电路当动作时间大于 $0.02s$ 时可按不低于 1.35 倍启动电流的原则确定，如果动作时间小于 $0.02s$，则应增加为不低于启动电流的 $1.7\sim2$ 倍。这些系数是考虑到整定误差和电动机启动电流可能变化等因素而加的。

4. 短路通断能力和短时耐受能力校验

低压断路器的额定短路分断能力和额定短路接通能力应不低于其安装位置上的预期短路电流。当动作时间大于 $0.02s$ 时，可不考虑短路电流的非周期分量，即把短路电流周期分量有效值作为最大短路电流；当动作时间小于 $0.02s$ 时，应考虑非周期分量，即把短路电流第一周期内的全电流作为最大短路电流。如校验结果说明断路器通断能力不够，应采取如下措施：

（1）在断路器的电源侧增设其他保护电器（如熔断器）作为后备保护。

（2）采用限流型断路器，可按制造厂提供的允通电流特性或限流系数（即实际分断电流峰值和预期短路电流峰值之比）选择相应产品。

（3）改选较大容量的断路器。各种短路保护断路器必须能在闭合位置上承载未受限制的短路电流瞬态值，还须能在规定的延时范围内承载短路电流。这种短时承载的短路电流值应不超过断路器的额定短时耐受能力，否则也应采取相应的措施或改变断路器的规格。断路器产品样本中一般都给出产品的额定峰值耐受电流和额定短时耐受电流。当为交流电流时，短时耐受电流应以未受限制的短路电流周期分量的有效值为准。

5. 灵敏系数校验

所选的断路器还应按短路电流进行灵敏系数校验。灵敏系数即线路中最小短路电流（一般取电动机接线端或配电线路末端的两相或单相短路电流）和断路器瞬时或延时脱扣器整定电流之比。两相短路时的灵敏系数应不小于 2，单相短路时的灵敏系数对于 DZ 型断路器可取 1.5，对于其他型断路器可取 2。如果经校验灵敏系数达不到上述要求，除调整整定电流外，也可利用延时脱扣器作为后备保护。

6. 分励和欠电压脱扣器的参数确定

分励和欠电压脱扣器的额定电压应等于线路额定电压，电源类别（交、直流）应按控制线路情况确定。国标规定的额定控制电源电压系列为直流（24V）、（48V）、110V、125V、220V、250V；交流（24V）、（36V）、（48V）、110V、127V、220V，括号中的数据不推荐采用。

第六节 接 触 器

接触器是一种适用于在低压配电系统中远距离控制频繁操作交、直流主电路及大容量控制电路的自动控制开关电器。主要应用于自动控制交/直流电动机、电热设备、电容器组等设备，应用十分广泛。接触器具有强大的执行机构，大容量的主触头及迅速熄灭电弧的能力。当系统发生故障时，能根据故障检测元件所给出的动作信号，迅速、可靠地切断电源，并有低压释放功能。与保护电器组合可构成各种电磁启动器，用于电动机的控制及保护。

接触器的分类有几种不同的方式，如按操作方式分，有电磁接触器、气动接触器和电磁气动接触器；按灭弧介质分，有空气电磁式接触器、油浸式接触器和真空接触器等；按主触头控制的电流种类分，又有交流接触器、直流接触器、切换电容接触器等，另外还有建筑用接触器、机械联锁（可逆）接触器和智能化接触器等。建筑用接触器的外形结构与模数化小型断路器类似，可与模数化小型断路器一起安装在标准导轨上。其中应用最广泛的是空气电磁式交流接触器和空气电磁式直流接触器，习惯上简称为交流接触器和直流接触器。

一、接触器工作原理

接触器由磁系统、触头系统、灭弧系统、释放弹簧机构、辅助触头及基座等几部分组成，如图 4-18 所示。接触器的基本工作原理是利用电磁原理通过控制可动衔铁的运动来带动触头控制主电路通断的。交流接触器和直流接触器的结构和工作原理基本相同，但也有不同之处。

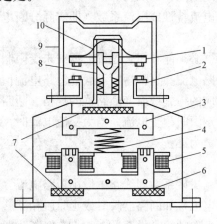

图 4-18 交流接触器组成结构

1—动触头；2—静触头；3—衔铁；4—弹簧；
5—线圈；6—铁芯；7—垫毡；8—触头弹簧；
9—灭护罩；10—触头压力弹簧

在电磁机构方面，对于交流接触器，为了减小因涡流和磁滞损耗造成的能量损失和温升，铁芯和衔铁用硅钢片叠成。线圈绕在骨架上做成扁而厚的形状，与铁芯隔离，这样有利于铁芯和线圈的散热。而对于直流接触器，由于铁芯中不会产生涡流和磁滞损耗，所以不会发热，铁芯和衔铁用整块电工软钢做成，为使线圈散热良好，通常将线圈绕制成高而薄的圆筒状，且不设线圈骨架，使线圈和铁芯直接接触以利于散热。对于大容量的直流接触器往往采用串联双绕组线圈，一个为启动线圈，另一个为保持线圈，接触器本身的一个动断辅助触头与保持线圈并联连接。在电路刚接通瞬间，保持线圈被动断触头短接，可使启动线圈获得较大的电流和吸力。当接触器动作后，动断触头断开，两线圈串联通电，由于电源电压不变，所以电流减小，但仍可保持衔铁吸合，因而可以减少能量损耗和延长电磁线圈的使用寿命。中小容量的交、直流接触器的电磁机构一般都采用直动式磁系统，大容量的采用绕棱角转动的拍合式电磁铁结构。

接触器的触头分为两类，主触头和辅助触头。中小容量的交、直流接触器的主、辅触头一般都采用直动式双断点桥式结构设计，大容量的主触头采用转动式单断点指型触头。交流接触器的主触头流过交流主回路电流，产生的电弧也是交流电弧；直流接触器主触头流过直流主回路电流，电弧也是直流电弧。由于直流电弧比交流电弧难以熄灭，直流接触器常采用磁吹式灭弧装置灭弧，交流接触器常采用多纵缝灭弧装置灭弧。接触器的辅助触头用于控制回路，可根据需要按使用类别选用。

二、典型接触器结构及应用

1. 空气电磁式交流接触器

在接触器中，空气电磁式交流接触器应用最为广泛，产品系列、品种最多，其结构和工作原理基本相同，但有些产品在功能、性能和技术含量等方面各有独到之处，选用时可根据需要择优选择。典型产品有 CJ20、CJ21、CJ26、CJ29、CJ35、CJ40、NC、B、LC1-D、3TB 和 3TF 系列交流接触器等，其中 CJ20 是国内统一设计的产品，CJ40 系列交流接触器是在 CJ20 系列的基础之上更新设计的新一代产品。

CJ20 系列交流接触器是国内 80 年代开发、统一设计的新型产品，现已完全取代 CJ10 系列交流接触器。它采用直动双断点桥式触头结构，触头采用了银镍、银化镉等耐电弧、耐磨损和抗熔焊等特点的合金触头材料。灭弧系统采用三种结构型式。40A 以上接触器采用多纵缝陶土灭弧罩，电弧能迅速进入纵缝内，充分利用冷却面积，加强灭弧效果。25A 接触器采用带 U 形铁片灭弧室，U 形铁片的灭弧系统是利用电弧电流通过 U 形铁片产生的磁场使电弧弧柱和弧根快速运动，受到很好的冷却和去游离，并使游离气体迅速离开触头间隙，避免电弧在电流过零后的重燃。16A 以下接触器不加装灭弧装置，利用双断点触头自然灭弧，它是利用在电弧电流过零时的近阴极效应原理分断熄灭电弧的。

电磁机构采用直动式磁系统，40A 及以下为 E 形铁芯，60A 及以上为 U 形铁芯。整体布置采用两层或三层布置，63A 以上的产品由铝合金基座、塑料底板和灭弧罩组成三段式立体结构。40A 产品采用灭弧罩在上，电磁系统在下的两层主体布置。40A 以上产品辅助触头由独立组件布置在主触头两侧。25A 以下产品采用了辅助触头布置在主触头上方，辅助触头、主触头及灭弧系统和电磁系统布置成三层，壳体、底座分为两段的立体布置结构，加装 U 形片灭弧装置。25A 及以下产品可在标准安装轨上安装。10A 以下产品有派生的接触器式中间继电器产品品种。CJ20 系列交流接触器结构紧凑，其结构如图 4-19 所示，外观如图 4-20 所示。

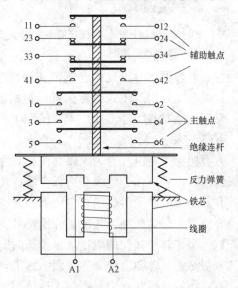

图 4-19 CJ20 系列交流接触器结构原理图

图 4-20 CJ20 系列交流接触器外观图

2. 机械联锁（可逆）交流接触器

机械联锁（可逆）接触器实际上是由两个相同规格的交流接触器再加上机械联锁机构和电气联锁机构所组成，如图 4-21 所示。可以保证在任何情况下（如机械振动或错误操作而发出的指令）都不能使两台交流接触器同时吸合，而只能是当一台接触器断开后，另一台接触器才能闭合，能有效地防止电动机正、反转换向时出现相间短路的可能性。比单在电器控制回路中加接电气联锁电路的应用更安全可靠。机械联锁接触器主要用于电动机的可逆控制、双路电源的自动切换，也可用于需要频繁地进行可逆换接的电气设备上。生产厂通常将机械联锁机构和电气联锁机构以附件的形式提供。

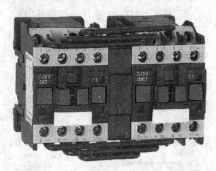

图 4-21　CJX2 型号机械联锁交流
接触器实物图

常用的机械联锁（可逆）接触器有 LC2-D 系列（国内型号 CJX2-N）、6C 系列、3TD 系列、B 系列等。3TD 系列可逆交流接触器主要适用于额定电流至 63A 的交流电动机的启动、停止及正、反转控制。CJX2 型号机械联锁交流接触器实物外观如图 4-21 所示。

3. 切换电容器接触器

切换电容器接触器是专用于低压无功补偿设备中投入或切除并联电容器组，以调整用电系统的功率因数。切换电容器接触器带有抑制浪涌装置，能有效地抑制接通电容器组时出现的合闸涌流对电容的冲击和开断时的过电压。其结构设计为正装式，灭弧系统采用封闭式自然灭弧。接触器的安装既可采用螺钉安装又可采用标准卡轨安装。常用产品有 CJ16、CJ19、CJ41 系列等。

4. 真空交流接触器

真空接触器是以真空为灭弧介质，其主触头密封在真空开关管内。真空开关管（又称真空灭弧室）以真空作为绝缘和灭弧介质，位于真空中的触头一旦分离，触头间将产生由金属蒸气和其他带电粒子组成的真空电弧。真空电弧依靠触头上蒸发出来的金属蒸气来维持，因真空介质具有很高的绝缘强度且介质恢复速度很快，第一次过零时真空电弧就能熄灭，真空电弧的等离子体很快向四周扩散，燃弧时间一般小于 10ms，开断在密封的真空容器中完成，电弧和炽热的气体不会向外界喷溅，污染环境。

真空接触器熄弧能力强、耐压性能好、操作频率较高、寿命长、无电弧外喷、体积小、质量轻、维修周期较长，适用于 660V 及以上的电路中，特别适用于条件恶劣的危险环境中分断电流，如用于煤矿、化工、冶金、水泥等行业有防爆、防腐蚀和防火要求以及环境较恶劣的场所。真空开关管是真空开关的核心元件，其主要技术参数决定真空开关的主要性能。图 4-22 所示为 NC9 系列真空交流接触器。

5. 直流接触器

直流接触器应用于直流电力线路中供远距离接通与分断电路及直流电动机的频繁启动停止、反转或反接制动控制，以及 CD 系列电磁操动机构合闸线圈或频繁接

图 4-22　NC9 系列真空交流接触器

通和断开起重电磁铁、电磁阀、离合器的电磁线圈等。

直流接触器结构上有立体布置和平面布置两种结构，电磁系统多采用绕棱角转动的拍合式结构，主触头采用双断点桥式结构或单断点转动式结构。有的产品是在交流接触器的基础上派生的，因此，直流接触器的工作原理基本上与交流接触器相同，在前面已有较详细的介绍。常用的直流接触器有 CZ18、CZ21、CZ22 和 CZ0 系列等。

三、接触器选用原则

接触器的选用主要是选择型式、主电路参数、控制电路参数和辅助电路参数，以及按寿命、使用类别和工作制选用，另外需要考虑负载条件的影响。

1. 型式确定

型式的确定主要是确定极数和电流种类，电流种类由系统主电流种类确定。三相交流系统中一般选用三极接触器，当需要同时控制中性线时，则选用四极交流接触器，单相交流和直流系统中则常有两极或三极并联的情况。一般场合下，选用空气电磁式接触器；易燃易爆场合应选用防爆型及真空接触器等。

2. 主电路参数确定

主电路参数的确定主要是额定工作电压、额定工作电流（或额定控制功率）、额定通断能力和耐受过载电流能力。接触器可以在不同的额定工作电压和额定工作电流下工作。但在任何情况下，所选定的额定工作电压都不得高于接触器的额定绝缘电压，所选定的额定工作电流（或额定控制功率）也不得高于接触器在相应工作条件下规定的额定工作电流（或额定控制功率）。

接触器的额定通断能力应高于通断时电路中实际可能出现的电流值。耐受过载电流能力也应高于电路中可能出现的工作过载电流值。电路的这些数据都可通过不同的使用类别及工作制来反映，当按使用类别和工作制选用接触器时，实际上已考虑了这些因素。

3. 控制电路参数和辅助电路参数确定

接触器的线圈电压应按选定的控制电路电压确定。交流接触器的控制电路电流种类分交流和直流两种，一般情况下多用交流，当操作频繁时则常选用直流。接触器的辅助触头种类和数量，一般应根据系统控制要求确定所需的辅助触头种类（动合或动断）、数量和组合型式，同时应注意辅助触头的通断能力和其他额定参数。当接触器的辅助触头数量和其他额定参数不能满足系统要求时，可增加接触器式继电器以扩大功能。

4. 电寿命和使用类别选用

接触器的电寿命参数由制造厂给出。电寿命指标和使用类别有关。接触器制造厂均以不同形式（表格或曲线）给出有关产品电寿命指标的资料，可根据需要选用。

第七节 继 电 器

继电器是一种自动电器，在控制系统中用来控制其他电器动作，或在主电路中作为保护用电器。继电器的输入量可以是电压、电流等电量，也可以是温度、速度等非电量。当输入量变化到某一定值时，控制继电器动作，使输出量发生预定的阶跃变化。

由于继电器的触点应用于控制电路中，控制电路的功率一般不大，因此对继电器触点的额定电流与转换能力要求不高。继电器一般不采用灭弧装置，触点的结构也比较简单。继电器的用途广泛，种类繁多，按输入信号的不同可分为电压继电器、电流继电器、时间继电器、热继电器、速度继电器和压力继电器等。

一、继电器工作原理

任何一种继电器都拥有两个基本机构：①能反应外界输入信号的感应机构；②对被控电路实现通断控制的执行机构。继电器的感应机构将输入的电量或非电量变换成适合执行机构动作的机械能，继电器的执行机构实现对电路的通断控制。由此可见，"感应"与"执行"对任何继电器都是不可缺少的。继电器的特性称为输入-输出特性，常用继电器特性曲线表示。此曲线是一种矩形曲线，如图 4-23 所示。

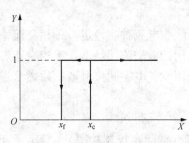

图 4-23　继电器特性曲线

当输入 $X < X_c$ 时，衔铁不动作，其输出量 $Y = 0$；当 $X = X_c$ 时，衔铁吸合，输出量 Y 从"0"跃变为"1"；再进一步增大输入量使 $X > X_c$，则输出量仍为 $Y = 1$。当输入量 X 从 X_c 开始减小的时候，在 $X > X_f$ 的过程中虽然吸力特性降低，但因衔铁在吸合状态下的吸力仍比反力大，所以衔铁不会释放，输出量 $Y = 1$。当 $X = X_f$ 时，因吸力小于反力，衔铁释放，输出量由"1"突变为"0"，再减小输入量，输出量仍为"0"。图中 X_c 称为继电器的动作值，X_f 称为继电器的复归值，它们均为继电器的动作参数。

继电器的动作参数可根据使用要求进行整定。为了反映继电器吸力特性与反力特性配合的紧密程度，引入了返回系数概念。返回系数是继电器复归值 X_f 与动作值 X_c 的比值，即

$$K_1 = \frac{I_f}{I_c}$$

式中　K_1——电流返回系数；

　　　I_f——复归电流；

　　　I_c——动作电流。

同理，电压返回系数 K_u 为

$$K_u = \frac{U_f}{U_c}$$

式中　U_f——复归电压；

　　　U_c——动作电压。

二、典型继电器结构及应用

1. 电磁式继电器

电磁式继电器的种类很多，如前所述的电压继电器、中间继电器、电流继电器、电磁式时间继电器、接触器式继电器等。接触器式继电器是一种作为控制开关电器使用的接触器，实际上，各种和接触器的动作原理相同的继电器如中间继电器、电压继电器等都属于接触器式继电器。接触器式继电器在电路中的作用主要是扩展控制触头的数量或增加触头的容量。

电磁式继电器反映的是电信号。当其线圈反映电压信号时，称其为电压继电器。电压继电器线圈应和电压源并联。当其线圈反映电流信号时，称其为电流继电器。电流继电器线圈应和电流源串联。为了不影响负载电路，电压继电器的线圈匝数多、导线细，而电流继电器的线圈匝数少、导线粗。

电磁式继电器有交、直流之分，是按线圈中通过的是交流电流还是直流电流来决定的。交流继电器的线圈通以交流电流，它的铁芯用硅钢片叠成，磁极端面装有短路环；直流继电器的线圈通以直流电流，它的铁芯用电工软钢做成，不需要装短路环。

电流继电器和电压继电器根据用途的不同，又可以分为过电流（或过电压）继电器和欠电流（或欠电压）继电器。前者的电流（电压）超过规定值时铁芯才吸合，如整定范围为1.1~6 倍的额定值；后者的电流（电压）低于规定值时铁芯才释放，如整定范围为 0.3~0.7 倍的额定值。

2. 时间继电器

时间继电器按其延时原理有电磁式、机械空气阻尼式、电动机式、电子式、可编程式和数字式等。它是一种实现触头延时接通或断开的自动控制电器，主要作为辅助电器元件，用于各种电气保护及自动装置中，使被控元件达到所需要的延时，应用十分广泛。

一般电磁式时间继电器的延时时间在十几秒以下，多为断电延时，其延时整定精度和稳定性不是很高。但继电器本身适应能力较强，在一些要求不太高，工作条件又比较恶劣的场合中，多采用这种时间继电器。常用的电磁式时间继电器有 JT3 系列时间继电器。

机械阻尼式（气囊式）时间继电器的延时时间可以增加到数分钟，但整定精度往往较差，只适用于一般场合。常用的机械阻尼式有 JS7-A 系列气囊式时间继电器。同步电动机式时间继电器的主要特点是延时时间长，可长达数十小时，重复精度也较高。常用的同步电动机式则有 JS11 系列时间继电器。

电子式、可编程式和数字式时间继电器的延时时间长，整定精度高，有通电延时、断电延时、复式延时、多制式延时等类型，应用广泛。

（1）直流电磁式时间继电器。在直流电磁式电压继电器的铁芯上增加一个阻尼铜套，即可构成直流电磁式时间继电器，其结构示意图如图 4-24 所示。它是利用电磁阻尼原理产生延时的。由电磁感应定律可知，在继电器线圈通、断电过程中，铜套内将感应电动势并流过感应电流，此电流产生的磁通总是阻止原磁通的变化。当继电器通电时，由于衔铁处于释放位置，气隙大、磁阻大、磁通小，铜套阻尼作用相对也小，因此衔铁吸合时延时不显著（一般忽略不计）。而当继电器断电时，磁通变化量大，铜套阻尼作用也大，使衔铁延时释放而起到延时作用。

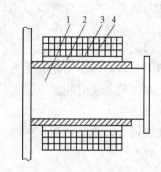

图 4-24 直流电磁式时间继电器
结构示意图
1—铁芯；2—阻尼铜套；3—绝缘层；
4—线圈

因此，这种继电器仅用作断电延时。这种时间继电器延时较短，而且准确度较低，一般只用于要求不高的场合，如电动机的延时启动等。

（2）空气阻尼式时间继电器。空气阻尼式时间继电器是利用空气阻尼原理获得延时的。它由电磁机构、延时机构、触头三部分组成。电磁机构为直动式双 E 形；触头系统采用微动开关；延时机构采用气囊式阻尼器。空气阻尼式时间继电器有通电延时型和断电延时型两种。电磁机构可以是直流的，也可以是交流的。图 4-25 为 JS7-2A 系列通电延时型空气阻尼式时间继电器的结构原理图。轴线左边部分为延时单元，右边部分为电磁机构。将图中右边部分的电磁机构旋出固定螺钉后再旋转 180 度，即为断电延时型。

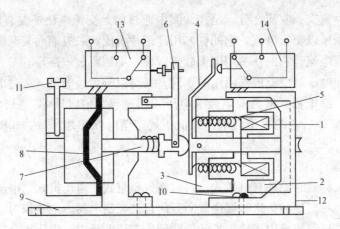

图 4 - 25　JS7 - 2 A 系列通电延时型空气阻尼式时间继电器的结构原理图

1—线圈；2—铁芯；3—衔铁；4—L 形托板；5—复位弹簧；6—杠杆形撞块；7—活塞杆；8—橡皮膜；
9—底座板；10—固定螺钉；11—延时调节螺钉；12—支持件；13、14—微动开关

工作原理如下，当线圈通电时，衔铁连同 L 形托板被铁芯吸引而右移，微动开关的触头迅速转换，L 形托板的尾部便伸出支持件尾部至 A 点；同时，连接在气室的橡皮膜上的活塞杆也右移，由于杠杆形撞块连接在活塞杆上，故撞块的上部左移，由于橡皮膜向右运动时，橡皮膜下方气室的空气稀薄形成负压，起到空气阻尼作用，因此经缓慢右移一定的时间后，撞块上部的行程螺钉才能压动微动开关，使微动开关的触头转换，达到通电延时的目的。其移动的速度即延时时间的长短，视进气孔的大小、进入空气室的空气流量而定，可通过延时调节螺钉进行调整。当线圈断电时，电磁吸力消失，衔铁在反力弹簧的作用下释放，并通过活塞杆将活塞推向下端。这时橡皮膜下方气室内的空气通过橡皮膜、弹簧和活塞的肩部所形成的单向阀，迅速从气室缝隙中排掉，因此杠杆形撞块和微动开关能迅速复位。在线圈通电和断电时，微动开关在推板的作用下瞬时动作，即为时间继电器的瞬动触头。

空气阻尼式时间继电器的优点是，延时时间长、结构简单、寿命长、价格低廉，其缺点是误差大（±10%～±20%），无调节刻度指示，难以精确地整定延时值。在对延时精度要求高的场合，不宜使用这种时间继电器。

图 4 - 26　JSZ3 型电子式时间
继电器外观

（3）电子式时间继电器。电子式时间继电器在时间继电器中已成为主流产品。电子式时间继电器是采用晶体管或集成电路和电子元件等构成的，目前已有采用单片机控制的时间继电器。电子式时间继电器具有延时时间长、精度高、体积小、耐冲击和耐振动、调节方便及寿命长等优点，所以发展很快，应用广泛。常用电子式时间继电器有 JSZ3 型号，其外观如图 4 - 26 所示，不同型号的接线图如图 4 - 27 所示。

3. 热继电器

热继电器是利用测量元件被加热到一定程度而动作的一种继电器。热继电器的测量元金属片由主动层和被动层组成。主动层材料采用膨胀系数较高的铁镍铬合金；被动

层材料采用膨胀系数很小的铁镍合金。双金属片在受热后将向被动层方向弯曲。

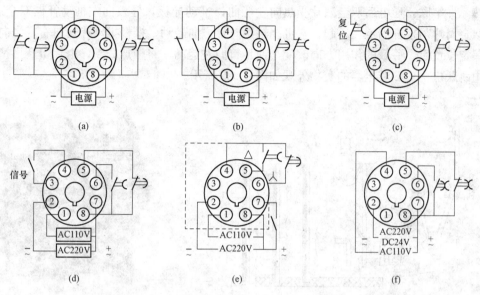

图 4-27 JSZ3 型电子式时间继电器接线图
(a) JSZ3A；(b) JSZ3C；(c) JSZ3F；(d) JSZ3K；(e) JSZ3Y；(f) JSZ3R

双金属片的加热方式有直接加热、间接加热和复式加热。直接加热就是把双金属片当作热元件，让电流直接通过；间接加热是用与双金属片无电联系的加热元件产生的热量来加热；复式加热是直接加热与间接加热两种加热形式的结合。双金属片受热弯曲，当其弯曲到一定程度时，通过动作机构使触点动作。热继电器主要用作三相感应电动机的过载保护。

（1）热继电器主要技术要求。作为电动机过载保护装置的热继电器，应能保证电动机既不超过容许的过载，又能最大限度地利用电动机的过载能力，还要保证电动机的正常启动。为此，对热继电器提出了如下技术要求：

1）应具有可靠而合理的保护特性。一般电动机在保证绕组正常使用寿命的条件下，具有反时限的容许过载特性。作为电动机过载保护装置的热继电器，应具有一条相似的反时限保护特性曲线，其位置应居电动机容许过载特性曲线之下。热继电器保护特性见表 4-5。

表 4-5 热继电器保护特性

项号	整定电流倍数	动作时间	试验条件	项号	整定电流倍数	动作时间	试验条件
1	1.05	>2h	冷态	3	1.5	<2min	热态
2	1.2	<2h	热态	4	6	>5s	冷态

2）具有一定的温度补偿。为避免环境温度变化引起双金属片弯曲而带来的误差，应引入温度补偿装置。

3）具有手动复位与自动复位功能。当热继电器动作后，可在其后 2min 内按下手动复位按钮进行复位，或在 5min 内可靠地自动复位。

4）热继电器的动作电流可以调节。通过调节凸轮，在 66%～100% 的范围内可调节动作电流。

（2）热继电器结构与工作原理。热继电器的结构及工作原理如图 4 - 28 所示，主双金属片与热元件串联，通电后双金属片受热向左弯曲，推动导板，导板向左推动补偿双金属片。补偿双金属片与推杆固定在一起，它可绕轴顺时针方向转动。推杆推动片簧向右，当向右推动到一定位置后，弓簧的作用方向改变，使片簧向左运动，将触点分断，由片簧及弓簧构成了一组跳跃机构。热继电器的实物外观如图 4 - 29 所示。

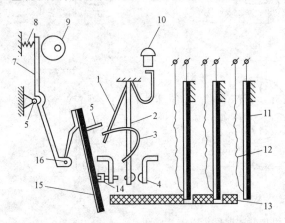

图 4 - 28　双金属片热继电器的结构及工作原理示意图　　　　　　图 4 - 29　双金属片热继电器的实物图

1、2—片簧；3—弓簧；4—触点；5—推杆；6—固定转轴；

7—杠杆；8—压簧；9—凸轮；10—手动复位按钮；11—主双金属片；

12—热元件；13—导板；14—调节螺钉；15—补偿双金属片；16—轴

凸轮用来调节动作电流。旋转调节凸轮的位置，将使杠杆的位置改变，同时使补偿双金属片与导板之间的距离改变，也改变了使继电器动作所需的双金属片的挠度，即调整了热继电器的动作电流。

补偿双金属片为补偿周围介质温度变化用。如果没有补偿双金属片，当周围介质温度变化时，主双金属片的起始挠度随之改变，导板的推动距离也随之改变。有了补偿级金属片后，当周围介质温度变化时，主双金属片与补偿双金属片同时向同一方向弯曲，使导板与补偿双金属片之间的推动距离保持不变。这样，继电器的动作特性将不受周围介质温度变化的影响。

热继电器可用调节螺钉将触点调成自动复位或手动复位。若需手动复位，可将调节螺钉向左拧出，此时触点动作后就不会自动恢复原位；还必须将复位按钮向下按，迫使片簧 1 退回原位，片簧 2 立即向右动作，使触点闭合。若需自动复位，将调节螺钉向右旋入一定位置即可。

（3）具有断相保护的热继电器。三相感应电动机运转时，若发生一相断路，电动机各相绕组电流的变化情况将与电动机绕组接法有关。对于星形连接的电动机，由于相电流等于线电流，因此当电源一相断路时，其他两相的电流将过载，使热继电器动作。而对于三角形连接的电动机，在正常情况下，线电流为相电流的 $\sqrt{3}$ 倍。但当电动机一相电源断路，且为额定负载的 58% 时，则流过跨接于全电压下的一相绕组的相电流 I_{p3} 等于 1.15 倍额定相电流，而流过串联的两相绕组的电流 I_{p1}、I_{p2} 仅为额定相电流的 58%。因而可能有这种情况，电动机在 58% 额定负载下运行时，若发生一相断线，未断线相的线电流正好等于额定线电流，而全电压下的那一项绕组中的电流可达 1.15 倍额定相电流。这时绕组内的电流已超过其额定值，但流过热继电器发热元件的线电流却小于其动作电流，因此不会动作。

（4）热继电器主要技术参数。热继电器的主要技术参数有额定电压、额定电流、相数、热元件编号、整定电流调节范围、有无断相保护等。

热继电器的额定电流是指允许装入的热元件的最大额定电流值。热元件的额定电流是指该元件长期允许通过的电流值。每一种额定电流的热继电器可分别装入若干种不同额定电流的热元件。

热继电器的整定电流是指热继电器的热元件允许长期通过，但又刚好不致引起热继电器动作的电流值。为了便于用户选择，某些型号中的不同整定电流的热元件需用不同编号表示。对于某一热元件的热继电器，可通过调节其电流旋钮，在一定范围内调节电流整定值。常用的热继电器有 JRS1、NR2、JR36 等系列；引进产品有 T 系列、3UA 系列。

4. 速度继电器

速度继电器常用于电动机的反接制动电路中。图 4-30 为速度继电器的结构示意图。

速度继电器主要由转子、定子和触头系统三部分组成。转子是一块永久磁铁，其转轴与被控电动机连接。定子结构与笼型电动机转子的结构相同，由硅钢片叠制而成，并嵌有笼型导条，套在转子外围，且经杠杆机构与触头系统连接。当被控电动机旋转时，速度继电器转子随着旋转，永久磁铁形成旋转磁场，定子中的笼型导条切割磁场而产生感应电动势、感应电流，并在磁场作用下产生电磁转矩，使定子随转子旋转方向转动。但由于有返回杠杆挡位，故定子只能随转子转动一定角度。定子的转动经杠杆作用使相应的触头动作，并在杠杆推动触头动作的同时，压缩反力弹簧，其反作用力也阻止定子转动。当被控电动

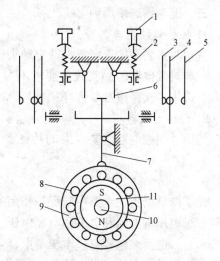

图 4-30 速度继电器的结构示意图
1—螺钉；2—反力弹簧；3—动断触点；4—动触头；
5—动合触点；6—返回杠杆；7—杠杆；
8—定子导体；9—定子；10—转轴；11—转子

机转速下降时，速度继电器转子的速度也随之下降，于是定子导体内的感应电动势、感应电流、电磁转矩减小。当电磁转矩小于反作用弹簧的反作用力矩时，定子返回到原来的位置，对应触头恢复到原来的状态。

常用的速度继电器有 JY1 型和 JFZ0 型两种。其中，JY1 型可在 700～3600r/min 范围内可靠地工作；JFZ0-1 型适用于 300～1000r/min；JFZ0-2 型适用于 1000～3600r/min。它们具有两个动合触点、两个动断触点，触点额定电压为 380V、额定电流为 2A。一般速度继电器的转轴在 130r/min 左右即能动作，在 100r/min 时触头即能恢复到正常位置。可通过螺钉的调节来改变速度继电器动作的转速，以适应控制电路的要求。

5. 温度继电器

温度继电器广泛应用于电动机绕组、大功率晶体管等的过热保护。例如，当电动机发生过电流时，会使其绕组温升过高。前已述及，热继电器可以起到对电动机过电流保护的作用。但当电网电压不正常升高时，即使电动机不过载，也会导致铁损增加而使铁芯发热，这样也会使绕组温升过高。若电动机环境温度过高且通风不良等，也同样会使绕组温升过高。在这种情况下，若用热继电器，则不能正确反映电动机的故障状态。

温度继电器埋设在电动机发热部位，如电动机定子槽内、绕组端部等，直接反映该处的发热情况。无论是电动机本身出现过电流引起温度升高，还是其他原因引起电动机温度升高，温度继电器都会有动作，从而起到保护作用。

温度继电器大体上有两种类型，一种是双金属片式温度继电器，另一种是热敏电阻式温度继电器。双金属片式温度继电器的工作原理与热继电器相似，在此不再赘述。热敏电阻式温度继电器的外形同一般晶体管式时间继电器相似，但作为温度感测元件的热敏电阻不装在继电器中，而是装在电动机定子槽内或绕组的端部。热敏电阻是一种半导体器件，根据材料性质分为正温度系数和负温度系数两种。由于正温度系数热敏电阻具有明显的开关特性，且具有电阻温度系数大、体积小、灵敏度高等优点，因此得到广泛应用和迅速发展。

三、继电器选用原则

1. 接触式继电器

选用时主要是按规定要求选定触头型式和通断能力，其他原则和接触器相同。有些应用场合，如对继电器的触头数量要求不高，但对通断能力和工作可靠性（如耐振）要求较高时，以选用小规格接触器为好。

2. 时间继电器

选用时间继电器时要考虑的特殊要求，主要是延时范围、延时类型、延时精度和工作条件。

3. 保护继电器

保护继电器指在电路中起保护作用的各种继电器，这里主要指过电流继电器、欠电流继电器、过电压继电器和欠电压（零电压、失压）继电器等。

（1）过电流继电器。过电流继电器主要用作电动机的短路保护，对其选择的主要参数是额定电流和动作电流。过电流继电器的额定电流应当大于或等于被保护电动机的额定电流，其动作电流可根据电动机工作情况按其启动电流的 $1.1 \sim 1.3$ 倍整定。一般绕线转子感应电动机的启动电流按 2.5 倍额定电流考虑，笼型感应电动机的电流按额定电流的 $5 \sim 8$ 倍考虑。选择过电流继电器的动作电流时，应留有一定的调节余地。

（2）欠电流继电器。欠电流继电器一般用于直流电机的励磁回路监视励磁电流，作为直流电动机的弱磁超速保护或励磁电路与其他电路之间的联锁保护。选择的主要参数为额定电流和释放电流，其额定电流大于或等于额定励磁电流，其释放电流整定值应低于励磁电路正常工作范围内可能出现的最小励磁电流，可取最小励磁电流的 0.85 倍。选用欠电流继电器时，其释放电流的整定值应留有一定的调节余地。

（3）过电压继电器。过电压继电器用来保护设备不受电源系统过电压的危害，多用于发电机-电动机组系统中。选择的主要参数是额定电压和动作电压。过电压继电器的动作值一般按系统额定电压的 $1.1 \sim 1.2$ 倍整定。一般过电压继电器的吸引电压可在其线圈额定电压的一定范围内调节，例如 JT3 电压继电器的吸引电压在其线圈额定电压的 $30\% \sim 50\%$ 范围内，为了保证过电压继电器的正常工作，通常在其吸引线圈电路中串联附加分压电阻的方法确定其动作值，并按电阻分压比确定所需串入的电阻的值。计算时应按继电器的实际吸合动作电压值考虑。

（4）欠电压（零电压、失压）继电器。欠电压继电器在线路中多用作失压保护，防止电源故障后恢复供电时系统的自启动。欠电压继电器常用一般电磁式继电器或小型接触器充任，其选用只要满足一般要求即可，对释放电压值无特殊要求。

4. 热继电器

热继电器热元件的额定电流原则上按被保护电动机的额定电流选取，即热元件的额定电流应接近或略大于电动机的额定电流。对于星形接法的电动机及电源对称性较好的场合，可选用两相结构的热继电器；对于三角形接法的电动机或电源对称性不够好的场合，可选用三相结构或三相结构带断相保护的热继电器。

5. 速度继电器

主要根据电动机的额定转速进行选择。

第八节 主 令 电 器

主令电器是电气自动控制系统中用于发送或转换控制指令的电器。主令电器应用广泛，种类繁多。常用的有控制按钮、行程开关、接近开关、万能转换开关（组合开关）、凸轮控制器、主令控制器以及脚踏开关、紧急开关等。在此仅介绍几种常用的主令电器。

一、典型主令电器结构及应用

1. 控制按钮

控制按钮是一种结构简单，应用十分广泛的主令电器。在电气自动控制电路中，控制按钮用于手动发出控制信号以控制接触器、继电器、电磁启动器等。为了标明各个按钮的作用，避免误操作，通常将按钮帽做成不同的颜色，以示区别。其颜色有红、绿、黑、黄、蓝、白等。例如，红色表示停止、绿色表示启动等。按钮开关的主要参数有型式、安装孔尺寸、触头数量及触头的电流容量等。控制按钮的结构种类很多，可分为普通按钮式、蘑菇头式、自锁式、自复位式、旋柄式、带指示灯式、带灯符号式及钥匙式等，有单钮、双钮、三钮等不同组合形式，一般由按钮帽、复位弹簧、桥式触头和外壳等组成。控制按钮通常做成复合式，有一对动断触头和动合触头，有的产品可通过多个元件的串联增加触头对数，最多可增至 8 对。还有一种自持式按钮，按下后即可自动保持闭合位置，断电后才能打开。常用的国产产品有 LA4、LA18、LA20、LA25、LA38、NP2 等系列。以 LA18 - 22 型号控制按钮为例，其基本结构和实物外观如图 4 - 31 所示。

2. 行程开关

行程开关又称限位开关，是一种利用生产机械的某些运动部件的碰撞来发出控制指令的主令电器，是用于控制生产机械的运动方向、速度、行程大小或位置的一种自动控制器件。其结构形式多种多样，但其基本结构可以分为摆杆（操动机构）、触头系统和外壳三个主要部分。其中，摆杆的形式主要有直动式、杠杆式和万向式三种，每种摆杆形式又分为多种不同形式，如直动式又分为金属直动式、钢滚直动式和热塑滚轮直动式等，滚轮又

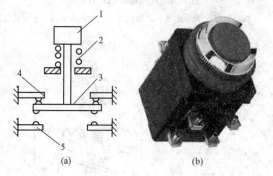

图 4 - 31　LA18 - 22 型号控制按钮的基本结构和
实物外观

(a) 基本结构；(b) 实物外观

1—按钮帽；2—复位弹簧；3—动触头；4—动断触头；
5—动合触头

有单轮、双轮等形式。常见样式的行程开关如图4-32所示。

图4-32　行程开关样式

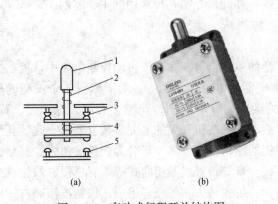

图4-33所示为直动式行程开关结构图，图4-34所示为滚轮式行程开关结构图。行程开关的触头类型有一动合一动断、一动合二动断、二动合一动断、二动合二动断等形式。动作方式可分为瞬动、蠕动、交叉从动式三种。行程开关的主要参数有型式、动作行程、工作电压及触头的电流容量等。

行程开关的结构、工作原理与按钮相同。区别是行程开关不靠手动而是利用运动部件上的挡块碰压而使触头动作。行程开关有自动复位和非自动复位两种。

图4-33　直动式行程开关结构图
（a）直动式结构；（b）直动式外观
1—顶杆；2—弹簧；3—动断触头；4—触头弹簧；5—动合触头

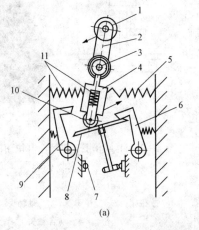

图4-34　滚轮式行程开关结构图
（a）滚轮式结构；（b）滚轮式外观

1—滚轮；2—上转臂；3、5、11—弹簧；4—套架；6、9—连接片；7—触头；8—触头推杆；10—小滑轮

目前国内生产的行程开关有 LXK3、3SE3、LX19、LXW、WL、LX、JLXK 等系列。其中，3SE3 系列是引进西门子公司技术生产的。

二、主令电器选用原则

主令电器首先应满足控制电路的电气要求，如额定工作电压、额定工作电流（含电流种类）、额定通断能力、额定限制短路电流等。这些参数的确定原则与选用主电路开关电器和控制电器的原则相同；其次应满足控制电路的控制功能要求，如触头类型（动合、动断、是否延时等）、触头数目及其组合型式等。除此之外，还需要满足一系列特殊要求，这些要求随电器的动作原理、防护等级、功能执行元件类型和具体设计的不同而异。

对于人力操作控制按钮、开关，包括按钮、转换开关、脚踏开关和主令控制器等，除要满足控制电路电气要求外，主要是安全与防护等级的要求。主令电器必须有良好的绝缘和接地性能，应尽可能选用经过安全认证的产品，必要时宜采用低电压操作等措施；其次是选择按钮颜色标记、组合原则、开关的操作图等。防护等级的选择应视开关的具体工作环境而定。

第五章　电机控制线路设计与配线

本章以国际电工委员会（IEC）制定的标准及我国的电气技术国家标准为依据，收集整理了三相异步电动机领域常用的实用控制线路，包括三相异步电动机的正转、反转、启动、制动以及顺序控制、行程控制和多地控制等实用控制线路。每个电路均详细地介绍了电路结构、工作原理及安装与调试方法，具有实用性强、易于制作的特点。

第一节　三相异步电动机的正转控制

一、基于接触器的点动正转控制线路

利用接触器构成的点动正转控制线路如图 5-1 所示，该线路具有电动机点动控制和短

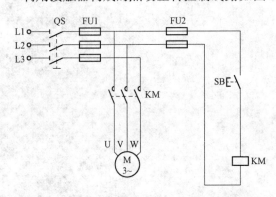

图 5-1　基于接触器的点动正转控制线路

路保护功能，而且可实现远距离的自动控制，常用于电动葫芦的起重电动机控制和车床拖板箱快速移动电动机控制。

1. 电路结构及主要电气元件作用

由图 5-1 可知，该接触器点动正转控制线路主电路由隔离开关 QS、螺旋熔断器 FU1、接触器 KM 主触头和三相异步电动机 M 组成；控制电路由螺旋熔断器 FU2、按钮 SB 和接触器 KM 线圈组成，对应电气元件作用和选型见表 5-1。

表 5-1　　　　　　　　　　　　电气元件作用与选型（一）

序号	符号	名称	型号	规格	作用
1	QS	隔离开关	HK2-25/3	25A　380V　三级	电源开关
2	FU1	螺旋熔断器	RL1-60/25	25A　500V	主电路短路保护
3	FU2	螺旋熔断器	RL1-15/2	2A　500V	控制电路短路保护
4	KM	交流接触器	CJ20-16	16A　380V	控制电动机电源
5	SB	按钮	LA18-22	绿色	点动按钮
6	M	三相异步电动机	Y112M-4	4kW　8.8A　1440r/min	拖动

2. 工作原理

电路通电后，隔离开关 QS 将 380V 的三相电源引入该点动正转控制线路。当需要电动机 M 启动运转时，按下其点动按钮 SB，接触器 KM 得电吸合，其主触头闭合接通电动机 M 的三相电源，电动机 M 通电运转。当需要电动机 M 停止运转时，松开其点动按钮 SB，接触器 KM 失电释放，其主触头处于断开状态，切断电动机 M 的三相电源，电动机 M 失电停转。

3. 安装与调试

本例介绍的三相异步电动机点动正转控制线路电路简单，安装调试方便。进行调试时，按照原理图核实无误后，将隔离开关 QS 置于闭合状态，按下点动按钮 SB，此时配电盘内的接触器 KM 线圈得电吸合，若按着点动按钮 SB 不放，则接触器 KM 应一直处于吸合状态；当松开点动按钮 SB 时，接触器 KM 断电释放。同时观察三相异步电动机 M 运转情况，若三相异步电动机 M 运转正常，则电路调试结束。

基于接触器的点动正转控制线路的接线示意图如图 5-2 所示。

二、基于接触器的连续正转控制线路

利用接触器构成的连续正转控制线路如图 5-3 所示，该线路具有电动机连续正转控制、欠电压和失压（或零压）保护功能，是各种机床电气控制线路的基本控制线路。

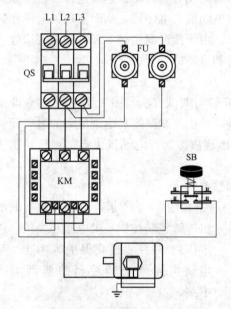 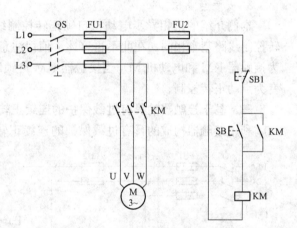

图 5-2　基于接触器的点动正转控制线路的接线示意图　　图 5-3　基于接触器的连续正转控制线路

1. 电路结构及主要电气元件作用

由图 5-3 可知，该接触器连续正转控制线路主电路由隔离开关 QS、螺旋熔断器 FU1、接触器 KM 主触头和三相异步电动机 M 组成；控制电路由螺旋熔断器 FU2、按钮 SB1、按钮 SB2、接触器 KM 线圈及辅助动合触头组成；对应电气元件作用和选型见表 5-2。

表 5-2　　　　　　　　　　　　　电气元件作用与选型（二）

序号	符号	名称	型号	规格	作用
1	QS	隔离开关	HK2-25/3	25A　380V　三级	电源开关
2	FU1	螺旋熔断器	RL1-60/25	25A　500V	主电路短路保护
3	FU2	螺旋熔断器	RL1-15/2	2A　500V	控制电路短路保护
4	KM	交流接触器	CJ20-16	16A　380V	控制电动机电源
5	SB1	按钮	LA18-22	红色	停止按钮
6	SB2	按钮	LA18-22	绿色	启动按钮
7	M	三相异步电动机	Y112M-4	4kW 8.8A 1440r/min	拖动

2. 工作原理

电路通电后，隔离开关 QS 将 380V 的三相电源引入该连续正转控制线路。当需要电动机 M 启动运转时，按下其启动按钮 SB2，接触器 KM 得电吸合，其主触头闭合接通电动机 M 的三相电源，电动机 M 得电启动运转。同时，接触器 KM 辅助动合触头闭合自锁，即启动按钮 SB2 松开后，接触器 KM 仍能通电吸合，使电动机 M 连续运转。

当需要电动机 M 停止运转时，按下其停止按钮 SB1，接触器 KM 失电释放，其主触头和辅助动合触头均处于断开状态，从而切断电动机 M 的电源，电动机 M 失电停转。

此外，根据接触器工作原理可知，在电动机正常运行时，当线路电压下降至某一数值或突然停电时，接触器线圈两端的电压随之下降或为零压，使接触器线圈磁通减弱或消失，产生的电磁吸力减小。当电磁吸力减小到小于反作用弹簧的拉力时，动铁芯被迫释放，主触头和自锁触头同时分断，自动切断主电路和控制电路，电动机失电停转，从而实现欠电压和失压（或零压）保护功能。当线路电压重新恢复正常时，由于接触器主触头和自锁触头均处于断开状态，故电动机不能自行启动运转，保证了人身和设备的安全。

3. 安装与调试

本例介绍的三相异步电动机自锁正转控制线路安装与调试方法与图 5-1 所示的点动正转控制线路基本相同，在此不再赘述。值得注意的是，该控制线路容易出现故障的电气元件为接触器 KM 和电动机 M。当接触器 KM 自锁触头出现故障时，电动机由自锁正转控制转变为点动正转控制。

三、基于接触器的具有过载保护的连续正转控制线路

利用接触器构成的具有过载保护的连续正转控制线路如图 5-4 所示，该线路具有电动机连续正转控制、欠电压和失压（或零压）、短路、过载保护等功能，是电动机连续正转控制的典型实用电路。

1. 电路结构及主要电气元件作用

由图 5-4 可知，该具有过载保护的连续正转控制线路电路结构与图 5-3 所示的连续正转控制线路基本相同，不同之处是主电路和控制电路中分别串接了热继电器 FR 热元件和热继电器 FR 辅助动断触头。对应电气元件作用和选型见表 5-3。

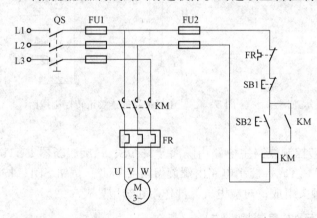

图 5-4　基于接触器的具有过载保护的连续正转控制线路

表 5-3　　　　　　　　　　　　电气元件作用与选型（三）

序号	符号	名称	型号	规格	作用
1	QS	隔离开关	HK2-25/3	25A　380V　三级	电源开关
2	FU1	螺旋熔断器	RL1-60/25	25A　500V	主电路短路保护
3	FU2	螺旋熔断器	RL1-15/2	2A　500V	控制电路短路保护
4	KM	交流接触器	CJ20-16	16A　380V	控制电动机电源

序号	符号	名称	型号	规格	作用
5	SB1	按钮	LA18 - 22	红色	停止按钮
6	SB2	按钮	LA18 - 22	绿色	启动按钮
7	FR	热继电器	JR36 - 20/3	14～22A	电动机过载保护
8	M	三相异步电动机	Y112M - 4	4kW 8.8A 1440r/min	拖动

2. 工作原理

电路通电后，隔离开关 QS 将 380V 的三相电源引入该具有过载保护的连续正转控制线路。当需要电动机 M 启动运转时，按下其启动按钮 SB2，接触器 KM 得电吸合并自锁，其主触头闭合接通电动机 M 的三相电源，电动机 M 启动连续运转。

当需要电动机 M 停止运转时，按下其停止按钮 SB1，接触器 KM 失电释放，其主触头和辅助动合触头均处于断开状态，从而切断电动机 M 的电源，电动机 M 失电停转。

热继电器 FR 可实现电动机 M 的过载保护功能。当电动机 M 在运行中过载时，流过电动机 M 绕组的电流增大，即流过热继电器 FR 热元件的电流增大，热继电器 FR 热元件的发热量增加，当增加的发热量达到整定值时，热继电器 FR 中热膨胀系数不同的双金属片变形弯曲，使其辅助动断触头处于断开状态，接触器 KM 失电释放，其主触头断开，切断电动机 M 的电源，电动机 M 停止运行，从而实现电动机 M 的过载保护。热继电器 FR 动作后，经一段时间冷却可自动复位或经手动复位。其动作电流的调节可通过旋转凸轮旋钮于不同位置来实现。

3. 安装与调试

本例介绍的连续正转控制线路具有工作可靠、保护功能强等特点。其安装与调试方法与图 5 - 1 所示的点动正转控制线路基本相同。进行过载保护调试时，先将热继电器 FR 电流调节刻度设定在远小于电动机额定电流值，启动电动机，若热继电器 FR 保护动作，说明热继电器 FR 功能正常，再将热继电器 FR 电流调节刻度设定在与电动机额定电流值相同即可。

基于接触器的具有过载保护的连续正转控制线路接线示意图如图 5 - 5 所示。

四、基于接触器的连续与点动混合正转控制线路

利用接触器构成的连续与点动混合正转控制线路如图 5 - 6 所示，该电路具有电动机连续正转控制和电动机点动控制双重功能，适用于需要试车或调整刀具与工件相对位置的机床。

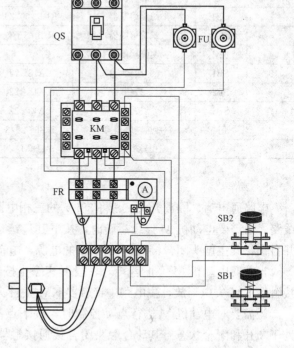

图 5 - 5　基于接触器的具有过载保护的连续正转控制线路接线示意图

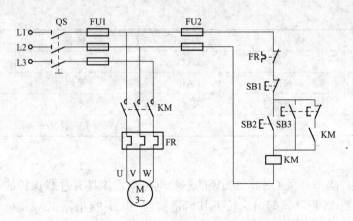

图 5-6　基于接触器的连续与点动混合正转控制线路

1. 电路结构及主要电气元件作用

由图 5-6 可知，该接触器连续与点动混合正转控制线路主电路由隔离开关 QS、熔断器 FU1、接触器 KM 主触头、热继电器 FR 热元件和三相异步电动机 M 组成；控制电路由熔断器 FU2、热继电器 FR 辅助动断触头、按钮 SB1～SB3、接触器 KM 线圈及其辅助动合触头组成。对应电气元件作用和选型见表 5-4。

表 5-4　　　　　　　　　　　　　电气元件作用与选型（四）

序号	符号	名称	型号	规格	作用
1	QS	隔离开关	HK2-25/3	25A　380V　三级	电源开关
2	FU1	螺旋熔断器	RL1-60/25	25A　500V	主电路短路保护
3	FU2	螺旋熔断器	RL1-15/2	2A　500V	控制电路短路保护
4	KM	交流接触器	CJ20-16	16A　380V	控制电动机电源
5	SB1	按钮	LA18-22	红色	停止按钮
6	SB2	按钮	LA18-22	绿色	启动按钮
7	SB3	按钮	LA18-22	黑色或蓝色	点动按钮
8	FR	热继电器	JR36-20/3	14～22A	电动机过载保护
9	M	三相异步电动机	Y112M-4	4kW 8.8A 1440r/min	拖动

2. 工作原理

电路通电后，隔离开关 QS 将 380V 的三相电源引入该接触器连续与点动混合正转控制线路。当需要电动机 M 连续运转时，按下其连续运转启动按钮 SB2，接触器 KM 得电吸合并自锁，其主触头闭合接通电动机 M 的电源，电动机 M 通电连续运转。

当需要电动机 M 停止运转时，按下其停止按钮 SB1，切断接触器 KM 线圈回路电源，接触器 KM 失电释放，主电路中接触器 KM 主触头断开，电动机 M 停止运转。

当需要对电动机 M 进行点动控制时，按下点动按钮 SB3，其动断触头和动合触头分别处于断开和闭合状态。其动合触头闭合接通接触器 KM 线圈回路的电源，接触器 KM 得电吸合，其主触头接通电动机 M 的电源，电动机 M 启动运转。同时 SB3 的动断触头处于断开状态，接触器 KM 辅助动合触头不能实现自锁功能。当松开点动按钮 SB3 时，接触器失电释放，电动机 M 失电停止运转，即实现点动控制功能。

3. 安装与调试

本例介绍的连续与点动混合正转控制线路调试方法与前面介绍的调试方法基本相同。进行安装时，检验电气元件的质量，经确认无误后可通电试车。值得注意的是，电动机及按钮的金属外壳必须可靠接地，且电源进线应接在熔断器的下接线座，出线则应接在上接线座。

基于接触器的连续与点动混合正转控制线路接线示意图如图5-7所示。

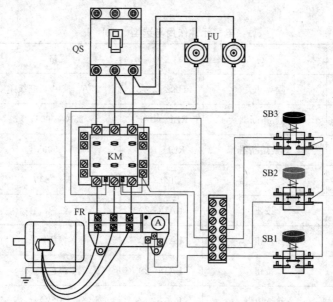

图5-7　基于接触器的连续与点动混合正转控制线路接线示意图

第二节　三相异步电动机的正、反转控制

一、基于接触器联锁的正、反转控制线路

利用接触器联锁构成的正、反转控制线路如图5-8所示，该线路具有电动机正、反转控制，过电流保护和过载保护等功能，常用于功率大于3kW的电动机正、反转控制。对于小于3kW的电动机正、反转的控制则采用转换开关控制，在此不做介绍，请读者参阅相关文献资料。

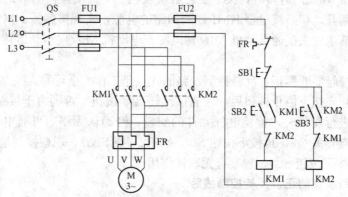

图5-8　基于接触器联锁的正、反转控制线路

1. 电路结构及主要电气元件作用

由图 5-8 可知，该接触器联锁的正、反转控制线路主电路由隔离开关 QS，螺旋熔断器 FU1，接触器 KM1、KM2 主触头，热继电器 FR 热元件和三相异步电动机 M 组成；控制电路由螺旋熔断器 FU2，热继电器 FR 辅助动断触头，按钮 SB1～SB3，接触器 KM1、KM2 线圈及其辅助动合触头和辅助动断触头组成。对应电气元件作用和选型见表 5-5。

表 5-5　　　　　　　　　　　　　电气元件作用与选型（五）

序号	符号	名称	型号	规格	作用
1	QS	隔离开关	HK2-25/3	25A　380V　三级	电源开关
2	FU1	螺旋熔断器	RL1-60/25	25A　500V	主电路短路保护
3	FU2	螺旋熔断器	RL1-15/2	2A　500V	控制电路短路保护
4	KM1 KM2	交流接触器	CJ20-16	16A　380V	控制电动机电源
5	SB1	按钮	LA18-22	红色	停止按钮
6	SB2	按钮	LA18-22	绿色	正转启动按钮
7	SB3	按钮	LA18-22	黑色	反转启动按钮
8	FR	热继电器	JR36-20/3	14～22A	电动机过载保护
9	M	三相异步电动机	Y112M-4	4kW 8.8A 1440r/min	拖动

2. 工作原理

电路通电后，隔离开关 QS 将 380V 的三相电源引入该接触器联锁正、反转控制线路。当需要电动机 M 正向运转时，按下其正转启动按钮 SB2，接触器 KM1 得电吸合并自锁，其辅助动断触头断开，切断接触器 KM2 线圈回路的电源，实现接触器 KM1 和接触器 KM2 联锁控制；同时其主触头闭合接通电动机 M 正转电源，电动机 M 正向启动运转。

当需要电动机 M 反向运转时，按下反转启动按钮 SB3，接触器 KM2 得电吸合并自锁，其辅助动断触头断开，切断接触器 KM1 线圈回路的电源，实现接触器 KM1 和接触器 KM2 联锁控制；同时其主触头接通电动机 M 反转电源，电动机 M 反向启动运转。

3. 安装与调试

本例介绍的接触器联锁正、反转控制线路的优点是工作安全可靠，缺点是电动机从正转变为反转时，必须先按下停止按钮后，才能按反转启动按钮，否则由于接触器的联锁作用，不能实现反转。进行安装时，检验电气元件的质量，经确认无误后可通电试车。通电试车时，应先合上隔离开关 QS，再按下按钮 SB1 及 SB2（或 SB3），观察控制是否正常，并在按下按钮 SB2 后再按下按钮 SB3，观察有无联锁作用。

二、基于按钮联锁的正、反转控制线路

利用按钮联锁构成的正、反转控制线路如图 5-9 所示，该线路也具有电动机正、反转控制，过电流保护和过载保护等功能，且可克服接触器联锁正、反转控制操作不便的缺点。

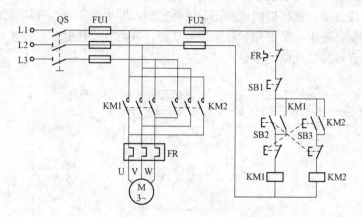

图 5-9　基于按钮联锁的正、反转控制线路

1. 电路结构及主要电气元件作用

由图 5-9 可知，该按钮联锁的正、反转控制线路结构及电气元件选型与图 5-8 所示的接触器联锁正、反转控制线路基本相同，不同之处在于控制电路中将正转按钮 SB2 和反转按钮 SB3 的复合按钮接入电路中，并使两个复合按钮的动断触头代替接触器 KM1、KM2 的联锁触头。

2. 工作原理

电路通电后，隔离开关 QS 将 380V 的三相电源引入该按钮联锁正、反转控制线路。当需要电动机 M 正向运转时，按下其正转启动按钮 SB2，接触器 KM1 得电吸合并自锁，其主触头闭合接通电动机 M 的正转电源，电动机 M 正向运转。同时 SB2 的动断触头处于断开状态，切断接触器 KM2 线圈回路电源，从而实现接触器 KM1 与接触器 KM2 的联锁控制。当需要电动机 M 停止运转时，按下停止按钮 SB1，接触器 KM1 失电释放，电动机 M 停止运转。当需要电动机 M 反转时，按下反转启动按钮 SB3，其控制过程与电动机 M 正转控制过程相同。此外，基于按钮联锁的正、反转控制线路还可将电动机 M 由当前的运转状态不需按停止按钮 SB1，而直接按下它的反方向启动按钮改变它的运转方向。例如，当电动机 M 当前状态为反转时，若需要电动机 M 正转，则可直接按下正转启动按钮 SB2，此时串接在接触器 KM2 线圈回路的 SB2 动断触头断开，切断接触器 KM2 线圈回路的电源，使接触器 KM2 失电释放，电动机 M 停止反转。然后，接触器 KM1 得电吸合并自锁，电动机 M 正向启动运转。

3. 安装与调试

本例介绍的按钮联锁正、反转控制线路的优点是操作方便，缺点是容易产生电源两相短路故障。例如，当正转接触器 KM1 发生主触头熔焊或被杂物卡住等故障时，即使接触器 KM1 失电，主触头也处于闭合状态，这时若直接按下反转启动按钮 SB3，接触器 KM2 得电吸合，其主触头处于闭合状态。此时必然造成电源两相短路故障，所以采用此线路工作时存在安全隐患。进行安装时，隔离开关、熔断器的受电端子应安装在控制板的外侧；元件排列要整齐、间距合理，且便于元件的更换；紧固电气元件时用力要均匀，紧固程度适当。

三、基于按钮、接触器双重联锁的正、反转控制线路

利用按钮、接触器双重联锁构成的正、反转控制线路如图 5 - 10 所示，该线路也具有电动机正、反转控制，过电流保护和过载保护等功能，且可克服接触器联锁正、反转控制线路和按钮联锁正、反转控制线路的不足。

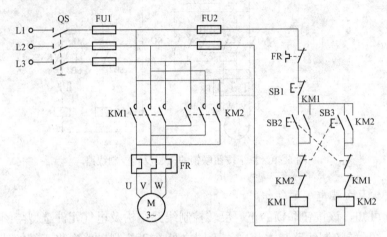

图 5 - 10　基于按钮、接触器双重联锁的正、反转控制线路

1. 电路结构及主要电气元件作用

由图 5 - 10 可知，该按钮、接触器双重联锁的正、反转控制线路电路结构及电气元件选型也与图 5 - 8 所示的接触器联锁正、反转控制线路基本相同。为克服接触器联锁正、反转控制线路和按钮联锁正、反转控制线路的不足，在按钮联锁的基础上，又增加了接触器联锁，从而实现按钮、接触器双重联锁功能。

2. 工作原理

电路通电后，隔离开关 QS 将 380V 的三相电源引入该按钮、接触器双重联锁正、反转控制线路。当需要电动机 M 正向运转时，按下其正转启动按钮 SB2，其动断触头先分断实现对接触器 KM2 的联锁控制，随后按钮 SB2 的动合触头闭合，接触器 KM1 得电吸合并自锁，主电路中 KM1 主触头闭合，接通电动机 M 正转电源，电动机 M 启动连续正转。同时，接触器 KM1 联锁触头分断与按钮 SB2 动断触头一起实现对接触器 KM2 双重联锁控制。当需要电动机 M 反向运转时，按下反转启动按钮 SB3，其控制过程与电动机 M 正转控制过程相同。当需要电动机 M 停止运转时，按下其停止按钮 SB1，切断控制线路供电回路，接触器 KM1 或 KM2 失电释放，电动机 M 失电停止运转。

3. 安装与调试

本例介绍的按钮、接触器双重联锁正、反转控制线路安装与调试可参照按钮和接触器联锁正、反转控制线路进行。此外，本节所介绍的电机控制线路中所选用的导线规格为，动力回路采用 BV2.5mm² 塑铜线，控制回路采用 BV1.0mm² 塑铜线，接地线采用 BVR1.5mm² 黄绿双色塑铜线。

基于按钮、接触器双重联锁的正、反转控制线路接线示意图如图 5 - 11 所示。

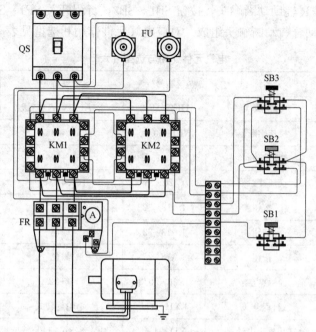

图 5-11 基于按钮、接触器双重联锁的正、反转控制线路接线示意图

第三节 三相异步电动机的行程控制

一、基于行程开关的行程控制线路

利用行程开关构成的行程控制线路如图 5-12 所示，该电路常用于生产机械运动部件的行程、位置限制，如在摇臂钻床、万能铣床、锁床、桥式起重机及各种自动或半自动控制机床设备中运动部件的控制。

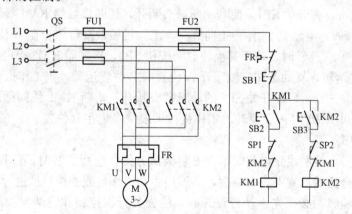

图 5-12 基于行程开关的行程控制线路

1. 电路结构及主要电气元件作用

由图 5-12 可知，该行程控制线路主电路由隔离开关 QS，螺旋熔断器 FU1，接触器 KM1、KM2 主触头，热继电器 FR 热元件和三相异步电动机 M 组成；控制电路由螺旋熔断

器 FU2，热继电器 FR 辅助动断触头，按钮 SB1~SB3，行程开关 SP1、SP2，接触器 KM1，KM2 线圈及其辅助动合、动断触头组成。对应电气元件作用和选型见表 5-6。

表 5-6   电气元件作用与选型（六）

序号	符号	名称	型号	规格	作用
1	QS	隔离开关	HK2-25/3	25A 380V 三级	电源开关
2	FU1	螺旋熔断器	RL1-60/25	25A 500V	主电路短路保护
3	FU2	螺旋熔断器	RL1-15/2	2A 500V	控制电路短路保护
4	KM1 KM2	交流接触器	CJ20-16	16A 380V	控制电动机电源
5	SB1	按钮	LA18-22	红色	停止按钮
6	SB2	按钮	LA18-22	绿色	正转启动按钮
7	SB3	按钮	LA18-22	黑色	反转启动按钮
8	FR	热继电器	JR36-20/3	14~22A	电动机过载保护
9	SP1 SP2	行程开关	LX19-111	单轮旋转式	行程控制
10	M	三相异步电动机	Y112M-4	4kW 8.8A 1440r/min	拖动

2. 工作原理

电路通电后，隔离开关 QS 将 380V 的三相电源引入该行程控制线路。实际应用时，设行程开关 SP1 安装在 A 位置，行程开关 SP2 安装在 B 位置。当电动机 M 正转时，驱动工作机械从 B 位置向 A 位置运动；当电动机 M 反转时，则驱动工作机械从 A 位置向 B 位置运动。

当需要电动机 M 正向启动运转时，按下其正转启动按钮 SB2，接触器 KM1 得电吸合并自锁，电动机 M 通电正向运转，驱动工作机械离开 B 位置向 A 位置运动，当工作机械运动至 A 位置时，撞击行程开关 SP1，使其动断触头断开，切断接触器 KM1 线圈回路电源，接触器 KM1 失电释放，电动机 M 停止正向旋转，工作机械被限位停止在 A 位置。

当需要电动机 M 反转时，按下其反转启动按钮 SB3，接触器 KM2 得电吸合并自锁，电动机 M 通电反向运转，驱动工作机械离开 A 位置向 B 位置运动，当工作机械运动至 B 位置时，撞击行程开关 SP2，行程开关 SP2 的动断触头断开，切断 KM2 线圈回路电源，接触器 KM2 失电释放，电动机 M 停止反转，工作机械被限位停止在 B 位置。

3. 安装与调试

本例介绍的行程控制线路电路简单，安装调试方便。进行安装时，行程开关 SP1、SP2 必须牢固安装在合适的位置上。安装后，必须用手动工作台或受控机械进行实验，合格后才能使用。通电校验时，必须先手动行程开关，检验各行程控制和终端保护动作是否正常可靠。此外，该控制线路导线规格为，动力回路采用 BV2.5mm² 塑铜线，控制回路采用 BV1.0mm² 塑铜线，接地线采用 BVR1.5mm² 黄绿双色塑铜线。

基于行程开关的行程控制线路接线示意图如图 5-13 所示。

二、基于行程开关的自动往返行程控制线路

上例所述行程控制线路所控制的工作机械只能运动至所指定的行程位置上即停止，而有

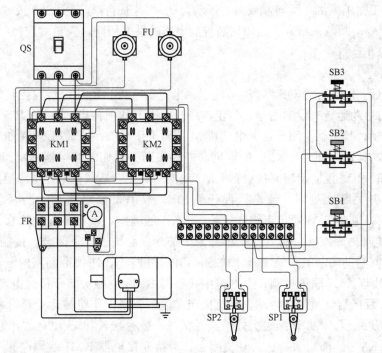

图 5 - 13 基于行程开关的行程控制线路接线示意图

些机床在运行时要求工作机械自动往返运动，实现该功能的控制线路称为自动往返行程控制
线路。利用行程开关构成的自动往返行程控制线路如图 5 - 14 所示。

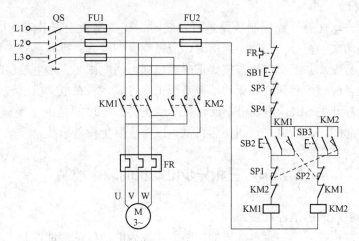

图 5 - 14 基于行程开关的自动往返行程控制线路

1. 电路结构及主要电气元件作用

由图 5 - 14 可知，该自动往返行程控制线路电路结构及电气元件选型与图 5 - 12 所示的
行程控制线路基本相同。不同之处在于控制电路中按钮 SB2、SB3 两端并接行程开关 SP1、
SP2 动合触头，且在控制电路中串接终端保护行程开关 SP3、SP4，并把它们安装在工作台
需限位的地方。在图 5 - 14 中，行程开关 SP3、SP4 的作用是：当工作机械运动至左端或右
端时，若行程开关 SP1 或 SP2 出现故障失灵，工作机械撞击它时若不能切断各接触器线圈

的电源通路，工作机械将继续向左或向右运动，此时会撞击行程开关 SP3 或 SP4，对应行程开关 SP3 或 SP4 动断触头断开，从而切断控制电路的供电回路，强迫对应接触器线圈断电，使电动机 M 停止运行。

2. 工作原理

电路通电后，隔离开关 QS 将 380V 的三相电源引入该自动往返行程控制线路。当需要电动机 M 正向启动运转（设向右运动为正转）时，按下其正转启动按钮 SB2，接触器 KM1 得电吸合并自锁，其主触头闭合接通电动机 M 正转工作电源，电动机 M 正向启动运转，驱动工作机械向右运动。同时，KM1 的辅助动断触头断开，切断接触器 KM2 线圈回路的电源，可避免电动机 M 正向运转时接触器 KM2 线圈通电闭合造成主电路电源短路。当工作机械运行至行程开关 SP1 处时，撞击行程开关 SP1，使其动断触头处于断开状态，接触器 KM1 失电释放，电动机 M 停止正转；接触器 KM1 的辅助动断触头复位闭合，为接通接触器 KM2 线圈电源做好准备。然后行程开关 SP1 的动合触头被压下闭合，接触器 KM2 得电吸合并自锁。其辅助动断触头处于断开状态，切断接触器 KM1 线圈回路的电源，实现接触器 KM1 与接触器 KM2 联锁控制；主电路中接触器 KM2 主触头闭合接通电动机 M 反转电源，电动机 M 反向启动运转，带动工作机械向左运动。当工作机械运行至行程开关 SP2 处时，撞击行程开关 SP2，其动断触头处于断开状态，接触器 KM2 失电释放，电动机 M 停止反转；接触器 KM2 的辅助动断触头复位闭合，为接通接触器 KM1 线圈电源做好准备。然后行程开关 SP2 的动合触头被压下闭合，接触器 KM1 得电吸合并自锁，其主触头接通电动机 M 正转电源，电动机 M 带动工作机械向右运动。如此往返循环，直至按下停止按钮 SB1，电动机 M 才停止运转。

3. 安装与调试

本例介绍的自动往返行程控制线路进行安装时，在控制板上安装走线槽和所有电气元件，并贴上醒目的文字符号。安装走线槽时，应做到横平竖直、排列整齐均匀、安装牢固和便于走线等。进行配线并经严格检查接线正确后，即可通电试车。通电校验时，必须先手动行程开关，检验各行程控制和终端保护动作是否正常可靠。若在电动机正转（工作台向左运动）时，扳动行程开关 SP1，电动机不反转且继续正转，则可能是由于接触器 KM2 的主触头接线不正确引起的，需断电进行纠正后再试，以防止发生设备事故。

第四节　三相异步电动机的顺序控制

一、基于接触器的多地控制线路

能在两地或多地控制同一台电动机的控制方式称为电动机的多地控制。利用接触器构成的多地控制线路如图 5-15 所示，该线路具有电动机单向运动控制和两地控制功能，是要求具有多地控制功能机床的常用控制线路单元。

1. 电路结构及主要电气元件作用

图 5-15 可知，该多地控制线路主电路由隔离开关 QS、螺旋熔断器 FU1、接触器 KM1 主触头、热继电器 FR 热元件和三相异步电动机 M 组成；控制电路由熔断器 FU2、停止按钮 SB1～SB3、启动按钮 SB4～SB6 和接触器 KM 线圈及其辅助动合触头组成。对应电气元件作用和选型见表 5-7。

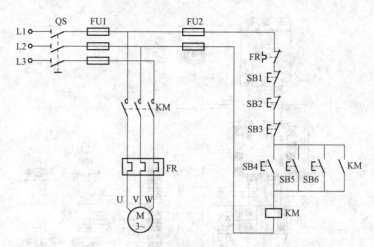

图 5-15　基于接触器的多地控制线路

表 5-7　　　　　　　　　　　　**电气元件作用与选型（七）**

序号	符号	名称	型号	规格	作用
1	QS	隔离开关	HK2-25/3	25A　380V　三级	电源开关
2	FU1	螺旋熔断器	RL1-60/25	25A　500V	主电路短路保护
3	FU2	螺旋熔断器	RL1-15/2	2A　500V	控制电路短路保护
4	KM	交流接触器	CJ20-16	16A　380V	控制电动机电源
5	SB1～SB3	按钮	LA18-22	红色	停止按钮
6	SB4～SB6	按钮	LA18-22	绿色	启动按钮
7	FR	热继电器	JR36-20/3	14～22A	电动机过载保护
8	M	三相异步电动机	Y112M-4	4kW 8.8A 1440r/min	拖动

2. 工作原理

电路通电后，隔离开关 QS 将 380V 的三相电源引入该接触器多地控制线路。当需要电动机 M 启动运转时，按下启动按钮 SB4、SB5 或 SB6，接触器 KM 通电吸合并自锁，主电路中接触器 KM 主触头闭合接通电动机 M 工作电源，电动机 M 启动运转。按下停止按钮 SB1、SB2 或 SB3，接触器 KM 失电释放，其主触头断开切断电动机 M 电源，电动机 M 停止运转。

3. 安装与调试

本例介绍的多地控制线路电路简单，安装与调试方便。进行安装时，可根据控制要求在相应位置安装启动和停止按钮，然后通过配线与控制板相连接。经严格检查接线正确后，可对控制电路通电校验。值得注意的是，当需要多地控制时，只要把各地的启动按钮并接、停止按钮串接即可。

基于接触器的多地控制线路接线示意图如图 5-16 所示。

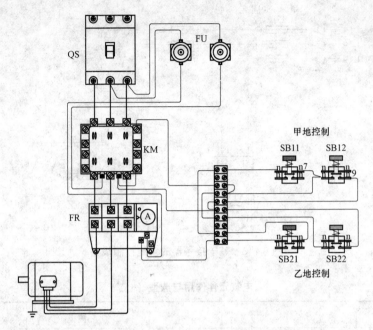

图 5-16　基于接触器的多地控制线路接线图示意图

二、基于接触器的主电路顺序控制线路

在装有多台电动机的生产机械上，各电动机所起的作用是不同的，有时需按一定的顺序启动或停止，才能保证操作过程的合理和工作的安全可靠。例如，X62W 型万能铣床上要求主轴电动机启动后，进给电动机才能启动。利用接触器构成的主电路顺序控制线路如图 5-17 所示。

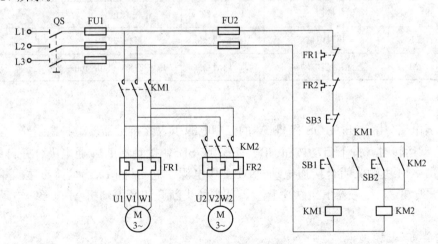

图 5-17　基于接触器的主电路顺序控制电路

1. 电路结构及主要电气元件作用

由图 5-17 可知，该主电路顺序控制线路主电路由隔离开关 QS、螺旋熔断器 FU1，接触器 KM1、KM2 主触头，热继电器 FR1、FR2 热元件和三相异步电动机 M1、M2 组成；控制电路由螺旋熔断器 FU2，热继电器 FR1、FR2 辅助动断触头，按钮 SB1～SB3 和接触

KM1、KM2 及其辅助动合触头组成。对应电气元件作用和选型见表 5 - 8。

表 5 - 8　　　　　　　　　　　　　　电气元件作用与选型（八）

序号	符号	名称	型号	规格	作用
1	QS	隔离开关	HK2 - 25/3	25A　380V　三级	电源开关
2	FU1	螺旋熔断器	RL1 - 60/25	25A　500V	主电路短路保护
3	FU2	螺旋熔断器	RL1 - 15/2	2A　500V	控制电路短路保护
4	KM1 KM2	交流接触器	CJ20 - 16	16A　380V	控制电动机 M1、M2 电源
5	SB1 SB2	按钮	LA18 - 22	绿色　黑色	启动按钮
6	SB3	按钮	LA18 - 22	红色	停止按钮
7	FR	热继电器	JR36 - 20/3	14～22A	电动机过载保护
8	M1 M2	三相异步电动机	Y112M - 4	4kW 8.8A 1440r/min	拖动

2. 工作原理

电路通电后，隔离开关 QS 将 380V 的三相电源引入该接触器主电路顺序控制线路。当需要主轴电动机 M1 启动运转时，按下其启动按钮 SB1，接触器 KM1 通电吸合并自锁，其主触头闭合接通电动机 M1 的电源，电动机 M1 启动运转，同时接触器 KM1 主触头闭合，为电动机 M2 电源的接通做好了准备。然后再按下电动机 M2 的启动按钮 SB2，接触器 KM2 通电吸合并自锁，主电路中接触器 KM2 主触头闭合接通电动机 M2 的电源，电动机 M2 通电启动运转。按下停止按钮 SB3，接触器 KM1、KM2 均失电释放，电动机 M1、M2 停止运转。

由上述分析可知，进给电动机 M2 只有在主轴电动机 M1 启动后才能启动运转，从而实现了主轴电动机 M1 和进给电动机 M2 的顺序控制。

3. 安装与调试

本例介绍的主电路顺序控制线路结构合理，实用性强，经电气元件布局及配线等工艺后即可通电试车。值得注意的是，通电试车时，应注意观察电动机、各电气元件及线路各部分工作是否正常，若发现异常情况，必须立即切断隔离开关 QS。此外，该控制线路导线规格为动力回路采用 BV2.5mm^2 塑铜线，控制回路采用 BV1.0mm^2 塑铜线，接地线采用 BVR1.5mm^2 黄绿双色塑铜线。

三、基于接触器的控制电路顺序控制线路

利用接触器构成的控制电路顺序控制线路如图 5 - 18 所示，该线路具有电动机顺序控制、短路保护和过载保护等功能，是顺序控制线路的另一种电路结构形式。

1. 电路结构及主要电气元件作用

由图 5 - 18 可知，该控制电路顺序控制线路电路结构及电气元件选型与图 5 - 17 所示的主电路顺序控制线路基本相同。不同之处在于主电路中电动机 M2 主电路工作状态不受接触器 KM1 主触头控制，控制电路中接触器 KM2 供电回路受接触器 KM1 辅助动合触头控制。具体电路结构及主要电气元件作用请读者自行分析。

2. 工作原理

电路通电后，隔离开关 QS 将 380V 的三相电源引入该接触器控制电路顺序控制线路。

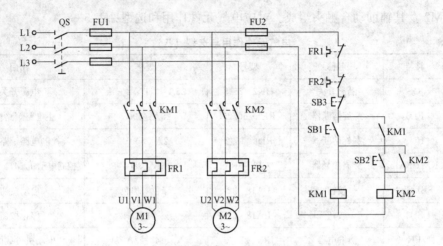

图 5 - 18　基于接触器的控制电路顺序控制线路

当需要主轴电动机 M1 启动运转时，按下其启动按钮 SB1，接触器 KM1 通电吸合并自锁，其主触头闭合接通电动机 M1 工作电源，电动机 M1 启动运转。同时，接触器 KM1 的辅助动合触头闭合，为进给电动机 M2 的启动运转做好了准备。当需要进给电动机 M2 启动运转时，按下其启动按钮 SB2，接触器 KM2 得电吸合并自锁，其主触头接通电动机 M2 工作电源，电动机 M2 启动运转。按下停止按钮 SB3，接触器 KM1、KM2 均失电释放，电动机 M1、M2 失电停止运转。

　　3. 安装与调试

　　本例介绍的控制电路顺序控制线路电路简单，安装与调试方便。进行安装时，可根据控制要求在相应位置安装启动和停止按钮，然后通过配线与控制板相连接。经严格检查接线正确后，可对控制电路通电校验。值得注意的是，通电试车前，应熟悉线路的操作顺序，即先合上隔离开关 QS，然后按下按钮 SB1，再按按钮 SB2 启动。

第五节　三相异步电动机的启动控制

一、基于接触器的串电阻降压启动控制线路

　　交流电动机在启动时，其启动电流一般为额定电流的 6～7 倍。对于功率小于 7.5kW 的小型异步电动机可采用直接启动的方式，但当交流电动机功率超过 7.5kW 时，则应考虑对其启动电流进行限制，否则会影响电网的供电质量。常用的启动电流限制方法是降压启动法，用于降压启动的控制线路称为交流电动机的降压启动控制线路。常用的降压启动控制线路有串电阻降压启动控制线路、Y-△降压启动控制线路、自耦变压器降压启动控制线路和延边△降压启动控制线路等。利用接触器构成的串电阻降压启动控制线路如图 5 - 19 所示。

　　1. 电路结构及主要电气元件作用

　　由图 5 - 19 可知，该串电阻降压启动控制线路主电路由隔离开关 QS，螺旋熔断器 FU1，接触器 KM1、KM2 主触头，启动电阻器 R_S，热继电器 FR 热元件和三相异步电动机 M 组成；控制电路由螺旋熔断器 FU1，热继电器 FR 辅助动断触头，接触器 KM1、KM2 线圈及

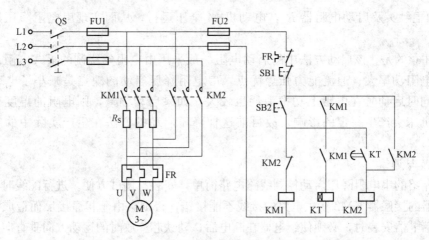

图 5 - 19 基于接触器的串电阻降压启动控制线路

其对应辅助动合、动断触头，时间继电器 KT 及其通电延时闭合触头组成。对应电气元件作用和选型见表 5 - 9。

表 5 - 9 　　　　　　　　　　　　　　**电气元件作用与选型（九）**

序号	符号	名称	型号	规格	作用
1	QS	隔离开关	HK2 - 25/3	25A　380V　三级	电源开关
2	FU1	熔断器	RL1 - 60/25	25A　500V	主电路短路保护
3	FU2	熔断器	RL1 - 15/2	2A　500V	控制电路短路保护
4	KM1 KM2	交流接触器	CJ20 - 16	16A　380V	控制电动机电源
5	KT	时间继电器	JSZ3A	2A　380V	计时控制
6	FR	热继电器	JR36 - 20/3	14～22A	电动机过载保护
7	R_S	电阻器	ZX2 - 2/0.7	22.3A　7Ω	降压
8	SB1	按钮	LA18 - 22	红色	停止按钮
9	SB2	按钮	LA18 - 22	绿色	启动按钮
10	M	三相异步电动机	Y132M - 4	7.5kW 15.4A 1440r/min	拖动

2. 工作原理

电路通电后，隔离开关 QS 将 380V 的三相电源引入该串电阻降压启动控制线路。当需要电动机 M 运行时，按下其启动按钮 SB2，接触器 KM1 得电吸合并自锁，其主触头串启动电阻器 R_S 接通电动机 M 的三相电源，M 通电启动运转。同时接触器 KM1 的辅助动合触头闭合，接通时间继电器 KT 线圈的电源，KT 通电开始计时。经过整定时间，电动机 M 转速升至设定值时，时间继电器 KT 动作，其通电延时闭合触头闭合，接触器 KM2 通电吸合并自锁，其辅助动断触头断开，切断接触器 KM1 线圈回路的电源，接触器 KM1 失电释放，其主触头和辅助动合触头均复位断开，切断时间继电器 KT 线圈回路电源，时间继电器 KT 失电释放，其通电延时闭合触头复位断开。同时，主电路中接触器 KM2 的主触头短接接触器 KM1 的主触头及启动电阻器 R_S，电动机 M 全压运行，从而实现串电阻降压启动控制功能。

值得注意的是，该启动方法中的启动电阻一般采用由电阻丝绕制的板式电阻或铸铁电阻，具有电阻功率大、通流能力强等优点。串电阻降压启动的缺点是减小了电动机的启动转矩，同时启动时在电阻上功率消耗也较大，如果启动频繁，则电阻的温度很高，对于精密的机床会产生一定的影响，故目前这种降压启动的方法在生产实际中的应用正在逐步减少。

3. 安装与调试

本例介绍的串电阻降压启动控制线路电路简单，安装与调试方便。进行配线时，要注意短接电阻器的接触器 KM2 在主电路的接线不能接错，否则会由于相序接反而造成电动机反转；时间继电器安装时，必须使继电器在断电后，动铁芯释放时的运动方向垂直向下；电阻器要安装在箱体内，并且要考虑其产生的热量对其他电路的影响，若将电阻器置于箱外时，必须采取遮护或隔离措施，以防止发生触电事故。此外，时间继电器和热继电器的整定值，应在不通电时预先整定好，并在试车时校正。

二、基于接触器、按钮的手动控制 Y-△降压启动控制线路

Y-△降压启动是指电动机启动时，把定子绕组接成 Y 联结，以降低启动电压，限制启动电流。待电动机启动后，再把定子绕组改接成△联结，使电动机全压运行。由于功率在7.5kW 以上的电动机其绕组均采用△联结，因此均可采用 Y-△降压启动的方法来限制启动电流。利用接触器、按钮构成的手动控制 Y-△降压启动控制线路如图 5-20 所示。

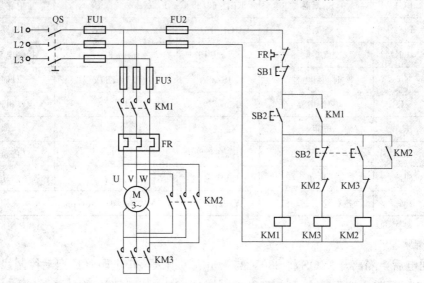

图 5-20   基于接触器、按钮的手动控制 Y-△降压启动控制线路

1. 电路结构及主要电气元件作用

由图 5-20 可知，该 Y-△降压启动控制线路主电路由隔离开关 QS、螺旋熔断器 FU1、接触器 KM1～KM3 主触头、热继电器 FR 热元件和三相异步电动机 M 组成；控制电路由螺旋熔断器 FU2、热继电器 FR 辅助动断触头、按钮 SB1～SB3 和接触器 KM1～KM3 及其对应辅助动合、动断触头组成。对应电气元件作用和选型见表 5-10。

表 5 - 10　　　　　　　　　　　电气元件作用与选型（十）

序号	符号	名称	型号	规格	作用
1	QS	隔离开关	HK2 - 25/3	25A　380V　三级	电源开关
2	FU1	熔断器	RL1 - 60/25	25A　500V	主电路短路保护
3	FU2	熔断器	RL1 - 15/2	2A　500V	控制电路短路保护
4	KM1～KM3	交流接触器	CJ20 - 16	16A　380V	控制电动机电源
5	FR	热继电器	JR36 - 20/3	14～22A	电动机过载保护
6	SB1	按钮	LA18 - 22	红色	停止按钮
7	SB2	按钮	LA18 - 22	绿色	Y 联结启动按钮
8	SB3	按钮	LA18 - 22	黑色	△联结运转按钮
9	M	三相异步电动机	Y132M - 4	7.5kW 15.4A 1440r/min	拖动

2. 工作原理

电路通电后，隔离开关 QS 将 380V 的三相电源引入该 Y - △降压启动控制线路。当需要电动机 M 启动运转时，按下 Y 联结启动按钮 SB2，接触器 KM1 和接触器 KM3 均通电吸合并利用接触器 KM1 辅助动合触头实现自锁。主电路中接触器 KM1、KM3 主触头闭合接通电动机 M 三相电源，使电动机 M 定子绕组接成 Y 联结降压启动运转。同时，接触器 KM3 的联锁触头断开，切断接触器 KM2 线圈回路的电源，实现接触器 KM3 与接触器 KM2 的联锁控制。

当电动机 M 运转速度上升并接近额定值时，按下△联结运转按钮 SB3，按钮 SB3 动断触头先分断，切断接触器 KM3 线圈回路的电源，接触器 KM3 失电释放，其主触头断开，解除电动机 M 定子绕组的 Y 联结；同时接触器 KM3 的联锁触头恢复闭合，为接触器 KM2 通电吸合做准备。按钮 SB3 动合触头后闭合，接触器 KM2 通电吸合并自锁，主电路中接触器 KM1、KM2 主触头闭合接通电动机 M 三相电源，使电动机 M 定子绕组接成△联结全压运转。同时接触器 KM2 的联锁触头断开，切断接触器 KM3 线圈回路的电源，实现接触器 KM2 与接触器 KM3 的联锁控制。

值得注意的是，三相异步电动机采用 Y - △降压启动时，定子绕组启动时电压降至额定电压的 $1/\sqrt{3}$，启动电流降至全压启动的 1/3，从而限制了启动电流，但由于启动转矩也随之降至全压启动的 1/3，故仅适用于空载或轻载启动。

3. 安装与调试

本例介绍的手动控制 Y - △降压启动控制线路与其他降压启动方法相比，具有投资少、线路简单、操作方便等特点，在机床电动机控制中应用较普遍。进行安装时，控制板外部配线必须按要求一律装在导线通道内，使导线有适当的机械保护，以防止液体、铁屑和灰尘的侵入。

三、基于时间继电器的自动控制 Y - △降压启动控制线路

利用时间继电器构成的自动控制 Y - △降压启动控制线路如图 5 - 21 所示，该线路能在电动机运转转速上升并接近额定值时，自动实现定子绕组 Y 联结至△联结的转换。它适用于功率在 7.5kW 以上、定子绕组采用△联结的电动机启动控制。

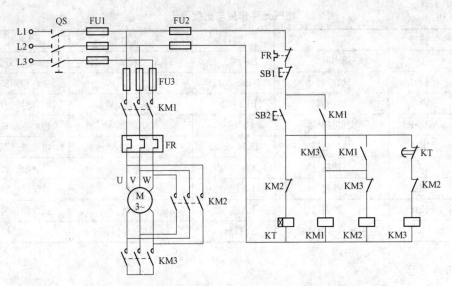

图 5 - 21　基于时间继电器的自动控制 Y - △降压启动控制线路

1. 电路结构及主要电气元件作用

由图 5 - 21 可知，该自动控制 Y - △降压启动控制线路主电路与图 5 - 20 所示的手动控制 Y - △降压启动控制线路主电路完全相同；控制电路由热继电器 FR 辅助动断触头，按钮 SB1、SB2，时间继电器 KT 及其通电延时断开触头和接触器 KM1～KM3 线圈及其辅助动合、动断触头组成。实际应用时，KT 可选用 JSZ3A 型时间继电器，其他电气元件与图 5 - 20 所示的手动控制 Y - △降压启动控制线路对应电气元件选型基本相同，此处不再赘述。

2. 工作原理

电路通电后，隔离开关 QS 将 380V 的三相电源引入该自动控制 Y - △降压启动控制线路。当需要电动机 M 运行时，按下启动按钮 SB2，时间继电器 KT 和接触器 KM3 均得电吸合，接触器 KM3 的联锁触头断开，切断接触器 KM2 线圈回路的电源，使接触器 KM3 闭合时接触器 KM2 不能通电闭合；同时接触器 KM3 的动合触头闭合，接通接触器 KM1 线圈回路的电源，使 KM1 得电吸合并自锁。此时时间继电器 KT 开始计时，主电路中接触器 KM1、KM3 主触头将电动机 M 绕组接成 Y 联结降压启动。经过设定时间后，当电动机 M 的运转速度上升并接近额定值时，时间继电器 KT 动作，其通电延时动断触头断开，切断接触器 KM3 线圈回路的电源，接触器 KM3 失电释放，其主触头断开，同时其辅助动断触头复位闭合，接通接触器 KM2 线圈的电源，接触器 KM2 得电吸合，其辅助动断触头断开，切断时间继电器 KT、接触器 KM3 线圈的电源，使接触器 KM2 得电吸合时，时间继电器 KT 和接触器 KM3 不能得电吸合，此时电动机 M 绕组接成△接法全压运行，从而实现电动机的 Y - △降压启动自动控制功能。

3. 安装与调试

本例介绍的自动控制 Y - △降压启动控制线路结构合理、性能稳定，故在各领域得到广泛应用。进行配线时，要保证电动机△接法的正确性，即接触器 KM2 主触头闭合时，应保证定子绕组的 U1 与 W2、V1 与 U2、W1 与 V2 相连接。接触器 KM3 的进线必须从三相定子绕组的末位端引入，若误将其从首端引入，则在接触器 KM3 吸合时，会产生三相电源短路事故。此外，通电校验前要再检查一下熔体规格及热继电器的整定值是否符合要求。

第六节 三相异步电动机的制动控制

一、基于接触器的单向反接制动控制线路

依靠改变电动机定子绕组的电源相序形成制动力矩，迫使电动机迅速停转的方法称为反接制动。利用接触器构成的单向反接制动控制线路如图 5-22 所示，该线路适用于制动要求迅速、系统惯性较大、不经常启动和制动的场合，如铣床、中型车床等主轴的制动控制。

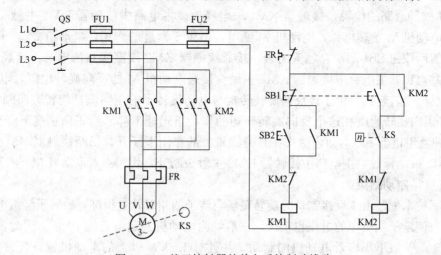

图 5-22 基于接触器的单向反接制动线路

1. 电路结构及主要电气元件作用

由图 5-22 可知，该单向反接制动控制线路主电路由隔离开关 QS，螺旋熔断器 FU1，接触器 KM1、KM2 主触头，热继电器 FR 热元件，速度继电器 KS 机械装置和三相异步电动机 M 组成；控制电路由热继电器 FR 辅助动断触头，按钮 SB1、SB2，速度继电器 KS 动合触头和接触器 KM1、KM2 线圈及其对应辅助动合、动断触头组成。对应电气元件作用和选型见表 5-11。

表 5-11 电气元件作用与选型（十一）

序号	符号	名称	型号	规格	作用
1	QS	隔离开关	HK2-25/3	25A 380V 三级	电源开关
2	FU1	熔断器	RL1-60/25	25A 500V	主电路短路保护
3	FU2	熔断器	RL1-15/2	2A 500V	控制电路短路保护
4	KM1 KM2	交流接触器	CJ20-16	16A 380V	控制电动机电源
5	FR	热继电器	JR36-20/3	14~22A	电动机过载保护
6	KS	速度继电器	JY1	1000~3000r/min	电动机过载保护
7	SB1	按钮	LA18-22	红色	停止按钮
8	SB2	按钮	LA18-22	绿色	启动按钮
9	M	三相异步电动机	Y112M-4	4kW 8.8A 1440r/min	拖动

2. 工作原理

电路通电后，隔离开关 QS 将 380V 的三相电源引入该反接制动控制线路。当需要电动机 M 启动运转时，按下其启动按钮 SB2，接触器 KM1 得电吸合并自锁，其联锁触头断开，切断接触器 KM2 线圈回路的电源，实现接触器 KM1 与接触器 KM2 联锁控制。同时，主电路中接触器 KM1 主触头接通电动机 M 的正转电源，电动机 M 正向启动运转，当电动机 M 的正向转速达到 120r/min 时，与电动机 M 同轴相联的速度继电器 KS 动作，使其动合触头闭合，为电动机 M 停车时反接制动做好准备。

当需要电动机 M 停止运转时，按下制动停止按钮 SB1，其动断触头首先断开，切断接触器 KM1 线圈回路的电源，接触器 KM1 失电释放。主电路中接触器 KM1 主触头复位断开，切断电动机 M 正转电源，电动机 M 断电，但由于惯性的作用，电动机 M 转子继续正向旋转。然后按钮 SB1 的动合触头闭合，接通接触器 KM2 线圈回路的电源，接触器 KM2 得电吸合并自锁，主电路中接触器 KM2 主触头接通电动机 M 的反向旋转电源，电动机 M 通电产生反向旋转转矩。由于该反向旋转转矩与电动机转子的正向惯性旋转方向刚好相反，电动机 M 正向旋转速度在这个反向旋转转矩的作用下迅速下降。当正向速度下降至 100r/min 时，速度继电器 KS 的动合触头在自身弹簧力的作用下断开，切断接触器 KM2 线圈的电源，KM2 失电释放，主电路中接触器 KM2 主触头断开，切断通入电动机 M 的反转电源，电动机 M 反接制动结束。

在工程技术中，由于反接制动时旋转磁场与转子的相对转速很高，故转子绕组中感生电流很大，致使定子绕组中的电流也很大，一般约为电动机额定电流的 10 倍。因此，反接制动适用于 10kW 以下小容量电动机的制动，并且对 4.5kW 以上的电动机进行反接制动时，需在定子回路中串入限流电阻 R，以限制反接制动电流。

3. 安装与调试

本例介绍的单向反接制动控制线路具有制动力强、制动迅速等特点，经电气元件布局及配线等工艺后即可通电试车。值得注意的是，须将速度继电器的连接头与电动机转轴直接连接，并使两轴中心线重合。通电试车时，若制动不正常，可检查速度继电器是否符合规定要求，若需调节速度继电器的调整螺钉时，必须切断电源，以防止出现相对地短路而引起事故。

二、基于接触器的双向反接制动控制线路

利用接触器构成的双向反接制动控制线路如图 5-23 所示，该线路具有短路保护、过载保护、可逆运行和制动等功能，是一种比较完善的电动机制动控制线路。

1. 电路结构及主要电气元件作用

由图 5-23 可知，该双向反接制动控制线路主电路由隔离开关 QS，螺旋熔断器 FU1，接触器 KM1、KM2 主触头，热继电器 FR 热元件，速度继电器 KS 机械装置和三相异步电动机 M 组成；控制电路由熔断器 FU2，热继电器 FR 辅助动断触头，按钮 SB1~SB3，速度继电器 KS 动合触头 KS1、KS2，中间继电器 KA 动合、动断触头和接触器 KM1、KM2 线圈及其对应辅助动合、动断触头组成。实际应用时，所用电气元件与图 5-22 所示的单向反接制动控制线路对应电气元件选型基本相同，此处不再赘述。

2. 工作原理

电路通电后，隔离开关 QS 将 380V 的三相电源引入该双向反接制动控制线路。当需要

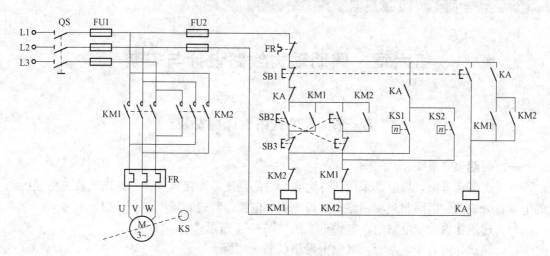

图 5 - 23　基于接触器的双向反接制动控制线路

电动机 M 正向启动运转时，按下正转启动按钮 SB2，接触器 KM1 通电吸合并自锁，接触器 KM1 的辅助动合触头闭合，为电动机 M 正向启动运转反向制动停止做好准备；另外接触器 KM1 的辅助动断触头断开，实现接触器 KM1 与接触器 KM2 联锁控制功能。同时，主电路中接触器 KM1 主触头闭合，接通电动机 M 正向旋转电源，电动机 M 通电正向启动运转。当电动机 M 正向旋转速度达到 120r/min 时，速度继电器 KS 的动合触头 KS2 闭合，为电动机 M 正向运转反接制动停止做好准备。

当需要电动机 M 停止运转时，按下制动停止按钮 SB1，其动断触头首先断开，切断接触器 KM1 线圈电源，接触器 KM1 失电释放，其辅助动合、动断触头复位，主电路中接触器 KM1 主触头断开，切断电动机 M 正转电源，电动机 M 断电。但由于惯性的作用，电动机 M 继续正向运转。然后，按钮 SB1 的动合触头被压下闭合，接通中间继电器 KA 线圈电源，中间继电器 KA 通电闭合，其动合触头闭合。接触器 KM2 得电吸合并自锁，主电路中接触器 KM2 主触头接通电动机 M 反转电源，电动机 M 通电产生一个与正向旋转方向相反的反向力矩，使电动机 M 正向运转速度迅速下降。当电动机 M 正向转速下降至 100r/min 时，速度继电器 KS 的动合触头 KS2 在自身弹簧力的作用下断开，切断接触器 KM2 线圈电源，接触器 KM2 失电释放，主电路中接触器 KM2 主触头断开，切断电动机 M 反向运转电源，中间继电器 KA 各触头复位，完成电动机 M 正向运转反向制动过程。电动机反向启动运转正向制动停止控制过程与上述过程相同，请读者自行分析。

3. 安装与调试

本例介绍的双向反接制动控制线路所用元器件较多，线路也比较复杂，但具有操作方便、运行安全可靠等特点。进行安装时，在控制板上按布置图安装走线槽和电动机、速度继电器以外的电气元件，并贴上醒目的文字符号，可进行配线和套编码套管、冷压接线头等工艺，正确安装电动机、速度继电器后即可通电试车。值得注意的是，速度继电器动作值和返回值的调整，应根据控制要求进行。此外，该双向反接制动控制线路制动操作不宜过于频繁。

第六章　照明动力线路设计与安装

第一节　照明线路设计与安装

一、照明供电系统

一般企事业单位，目前都采用"灯力合一"的系统，即接入一个三相四线或三相五线制的电源，分成动力回路和照明回路，并设照明配电箱，装设专用电能表计费。

（1）建筑物内无变电站时，其供电系统如图 6-1 所示。

（2）建筑物内有变电站时，其供电系统如图 6-2 所示。

图 6-1　建筑物内无变电站的供电系统　　图 6-2　建筑物内有变电站的供电系统

二、照明电力的分配

单相照明负荷在设计和安装时应均衡分配到三相电源上，如图 6-3 所示，A、B、C（楼层）是各负荷单元均为三相供电。

三、照明支路的安装要求

（1）照明单相支路，应按灯具数量的回路确定，一般为 4～12 个回路。

（2）室内照明支路，每一单相回路，一般采用不大于 15A 的熔断器或断路器保护，大型场所允许增大 20～30A。每一单相回路，所接灯数（包括插座）一般不应超过 25 个，如图 6-4 所示，当采用多管荧光灯时，允许增加到 50 个。

（3）照明导线截面积应满足负荷电流的要求，在不考虑负荷的情况下，导线应为截面积不小于 1.5mm² 独股铜绝缘线。

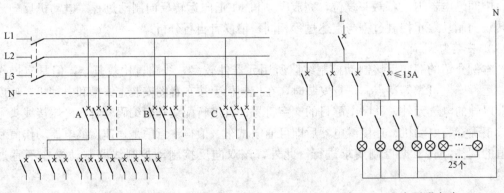

图 6-3　照明系统图　　　　　　　　　　　图 6-4　室内照明支路

四、常用的照明光源

常用的照明光源，按其工作原理可分为固体发光光源和气体放电光源两大类。

1. 固体发光光源

固体发光光源主要包括热辐射光源，热辐射光源是以热辐射作为光辐射的电光源，包括白炽灯和卤钨灯，它们都是以钨丝为辐射体，通电后达到白炽温度，产生光辐射。这种灯具点亮后表面温度很高，100W 以上的灯具必须使用瓷灯口，高温灯具（如碘钨灯、金属卤化物灯等）表面温度极高，不可以直接安装在可燃物上，灯罩两侧与可燃物的距离不应小于 500mm，灯具正面与可燃物的距离不应小于 1m，如图 6-5 所示，防止热辐射造成火灾。

2. 气体放电光源

气体放电光源是利用电流通过气体（或蒸气）而发光的光源，它们主要以原子辐射形式产生光辐射。气体放电光源主要有普通型荧光灯、节能型荧光灯、高压汞灯、高压钠灯、金属钠灯、镝灯等品种。这类灯具的发光效率很高，但需配用镇流器、启辉器等附件。

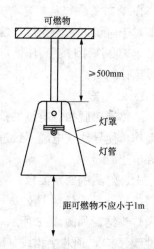

图 6-5 高温灯具的安全距离

五、灯具的选择要求

灯具的选择应按工作环境、生产要求尽可能注意美观大方，与建筑格调相协调，符合经济上的合理性。

（1）普通较干燥的工业厂房，广泛采用配照型、广照型、深照型灯具。13m 以上较高厂房可采用镜面深照型灯，一些辅助设施如控制室、操作室，也可采用圆球形灯、乳白球链吊灯、吸顶灯、天棚座灯或荧光灯；变压器室、开关室，可采用壁灯。

（2）尘埃较多或有尘埃又潮湿的场所，可采用防水、防尘灯。若考虑节能、经济，当悬挂点又较高时，可采用防水灯头的配照、深照型灯具，局部加投光灯。

（3）潮湿场所、地下水泵房、隧道可采用防潮灯；水蒸气密度太大的场所，可采用散照型防水、防尘灯；特别潮湿场所，如浴池，可采用带反射镜加装密封玻璃板、墙孔内安装方式。正面照射时需经密封玻璃板，面对潮湿场所，背面维修。

（4）有腐蚀性气体的房间，可采用耐腐蚀的防潮灯或密闭式灯具。当厂房较高、光强达不到要求时，也可采用防水灯头散照型或深照灯具。

（5）有爆炸危险物的场所，按防爆等级选用防爆灯，有隔爆型、增安型灯具等。

（6）易发生火灾的场所，如润滑油库、储存可燃性物质的房间，可采用各种密闭式灯具。

（7）高温车间，可采用投光灯斜照，加其他灯具混合照明。

（8）要求视觉精密和区分颜色的场所，可采用荧光灯，若避免灯具布置过密，可采用双管、三管或多管荧光灯。

（9）需局部加强照明的地方，按具体情况装设局部照明灯；仪表盘、控制盘可采用斜口罩灯；小型检验平台可装荧光灯、碘钨灯、工作台灯等；大面积检验场地，可采用投光灯、碘钨灯。

（10）生活间、办公室，一般选用荧光灯、吊链灯，考虑经济条件，也可采用软线吊灯、裸天棚灯座（如在走廊上使用）。

（11）在有旋转体的车间，不宜采用气体放电型灯具，以防止操作人员造成视觉误差。

（12）室外场所、一般厂区道路，可采用马路弯灯，较宽的道路可采用拉杆式路灯，交通量较大的主干道，装高压汞灯或高压钠灯。

（13）室外大面积照明可采用摘灯。

六、照明线路用熔断器、熔丝或断路器热脱扣器电流的整定

首先应根据灯具功率 P_{js} 求出计算电流 I_{js}，即

$$I_{js} = \frac{P_{js}}{U\cos\varphi}$$

1. 熔断器、熔丝额定电流 I_e

对于白炽灯和荧光灯，熔断器熔体额定电流 $I_e \geqslant$ 照明线路计算负荷电流 I_{js}。

对于高压汞灯、高压钠灯，$I_e \geqslant 1.2 I_{js}$。其中，I_e 为熔断器、熔丝额定电流，A；I_{js} 为照明线路计算负荷电流，A。

2. 断路器

断路器热脱扣器电流的整定电流 $I_{g.zd} \geqslant 1.1 I_{js}$。熔断器或断路器应能在线路过负荷时可靠动作，使导线或电缆不致过热损坏，造成火灾危险，为此要求 I_e 不大于 0.8～1 倍的导线允许电流。

七、灯具的固定要求

（1）灯具质量在 1kg 以下，可用软线吊灯，但灯头线芯不得受力，应在灯头盒内和吊盒内做灯头结，如图 6-6 所示，灯头结的做法如图 6-7 所示。螺口灯口的金属螺口，必须接中性线（N），顶芯接相线（L）。

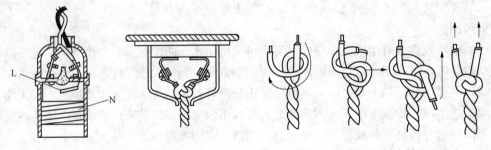

图 6-6　吊盒内和灯头内的接法　　　　　　图 6-7　灯头结

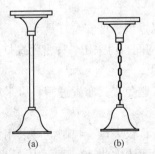

图 6-8　灯具吊链或吊杆的安装

（a）灯具吊杆安装；（b）灯具吊链安装

（2）灯具质量在 1～3kg，应采用吊链或吊杆安装，导线不应受力，如图 6-8 所示。

（3）灯具质量超过 3kg，不可以利用灯盒安装，应采用专用预埋件或吊钩，并应能承受 10 倍灯具质量。预埋件的安装如图 6-9 所示。

墙壁接线盒用膨胀螺栓固定方法如图 6-10 所示。

八、灯具的控制开关

灯具控制开关多种多样，如图 6-11 所示是常用的灯具控制开关。

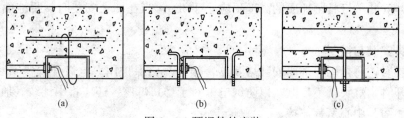

图 6-9　预埋件的安装

（a）现浇楼板预埋吊钩；（b）现浇楼板预埋螺栓；（c）预制楼板做安装吊钩

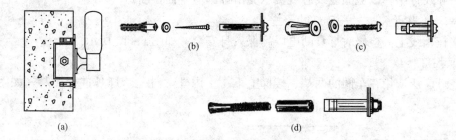

图 6-10　墙壁接线盒用膨胀螺栓固定方法

（a）接线盒的安装；（b）塑料胀塞；（c）金属膨胀管胀塞；（d）膨胀螺栓

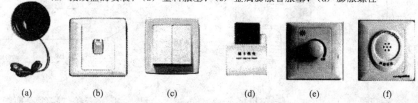

图 6-11　常用的灯具控制开关

（a）拉线开关；（b）双向开关；（c）翘板开关；（d）插卡开关；（e）调光开关；（f）声控开关

（1）拉线开关距地面应为 1800mm，如图 6-12 所示，视房间高度而安，但距天棚应为 300mm 为宜；距出入口水平距离应为 150～200mm，工业厂房里不宜用拉线开关。

（2）翘板开关距地面应为 1200～1400mm，距出入口水平距离应为 150～200mm。如图 6-12 所示，翘板开关应使操作柄扳向下时接通电路，扳向上时断开电路，与断路器恰好相反。

（3）严禁翘板开关与插座靠近安装。

（4）有爆炸危险场所，应使用防爆开关。

九、照明灯具的悬挂高度

（1）潮湿、危险场所，相对湿度在 85% 以上，环境温度在 40℃ 以上或有导电尘埃、导电地面，灯头距地不得小于 2.5m。

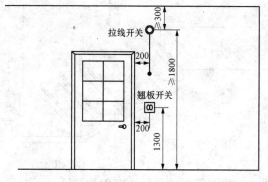

图 6-12　照明开关安装位置图（mm）

（2）一般场所、办公室、商店，当白炽灯功率不大于 60W，荧光灯功率不大于 40W 时，灯头距地不得小于 2m。

（3）灯头必须距地 1m 的照明灯具（工作台灯除外），需采用安全电压 36V 及以下。

（4）室外安装的灯具距地面的高度不应小于 3m，当在墙上安装时，距地面的高度不应小于 2.5m。

十、灯具安装与控制

安装灯具时，每个用户都要安装熔断器，作为短路保护用。电灯开关要安装在相线上，这样开关断开时，灯头就不带电，以防触电。对于螺口灯座，还应将中性线（地线）与铜螺套连接，将相线与中心簧片连接。

白炽灯常用的安装形式为固定吊线式，吊灯的导线应采用绝缘软线，在挂接线盒及灯座罩盖内将导线打结，以免导线线芯直接承受吊灯的质量而拉断。

1. 一只单联开关控制一只灯具开关

应接在相线上，检修时灯具断电以确保人身安全，如图 6-13 所示。

2. 双控灯接线

双控灯广泛应用在车间的两端、楼梯上下、室内外，对一套灯具进行控制，如图 6-14 所示。

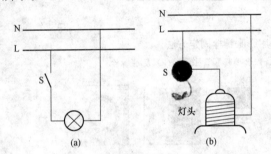

图 6-13　一只单联开关控制一只灯具
(a) 原理图；(b) 接线图

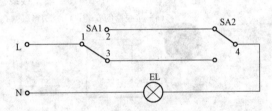

图 6-14　双控灯接线原理图

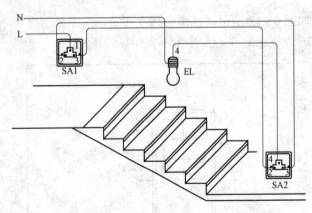

图 6-15　双控灯接线示意图

SA1、SA2 是单刀双向开关，不论 SA1、SA2 在什么位置，只要拨动其中一个开关，灯就会改变工作状态。具体的接线示意图如图 6-15 所示。

3. 常见灯具不安全（错误）接线

常见灯具不安全（错误）接线如图 6-16 所示。

4. 荧光灯接线

荧光灯，其光色好，发光效率高（17.5～60lm/W），为白炽灯的 4 倍，寿命长（2000～3000h），需配用镇流器、启辉器等附件，但功率因数较低，一般只有 0.4～0.5。荧光灯接线原理图如图 6-17 所示，接线示意图如图 6-18 所示。

十一、插座的安装

1. 插座的安装要求

（1）明装插座距地面不应低于 1.8m。

（2）暗装插座不应低于 0.3m，儿童活动场所应用安全插座。

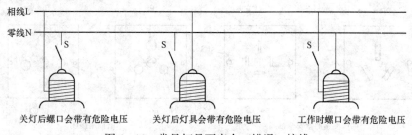

图 6 - 16　常见灯具不安全（错误）接线

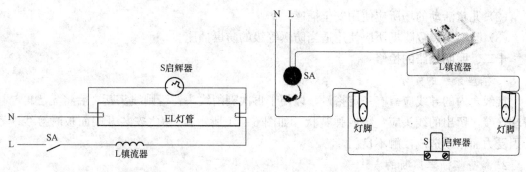

图 6 - 17　荧光灯接线原理图　　　　图 6 - 18　荧光灯接线示意图

（3）不同电压等级的插座，安装在同一场地时，在结构上应有明显区别，以防插错。

（4）严禁翘板开关与插座靠近安装。

（5）有爆炸危险场所，应使用防爆插座。

（6）同一室内插座高度相差不应大于 5mm。

2. 常用插座的外形与图形符号

常用插座的外形与图形符号如图 6 - 19 所示。

图 6 - 19　常用插座的外形与图形符号

3. 插座的安装接线

（1）插座导线截面积应满足负荷电流的要求，在不考虑负荷的情况下，导线截面积不小于 2.5mm²，为铜绝缘线。

（2）PE 保护线截面积应为 1.0mm² 以上的铜绝缘线，导线颜色为黄/绿双色线。

（3）单相插座接线口诀：面对插座"左零（中性线）、右火（相线）、中间地"，如图 6 - 20 所示。

（4）三相四线插座的保护线接中间的上孔。

4. 安全插座的使用

以下场所应使用安全插座：

（1）在潮湿场所，应选用密封良好的防水、防溅插座。

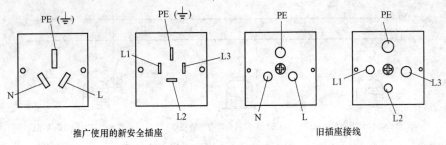

图 6-20　插座接线图

（2）儿童活动的场所应使用安全插座。

（3）易燃易爆危险场所应使用适当防爆等级的防爆插座。

十二、照明线路的检修

1. 插座余线的处理

接线盒内的导线应留有一定裕量，以便于再次剥削线头，否则线头断裂后将无法再与接线端连接，留出的线头应盘绕成弹簧状（如图 6-21 所示），使之安装开关面板时接线端不会因受力而松动造成接触不良。

2. 检查熔断器熔断的方法

在检修照明电路时为了防止错拉闸造成其他用电设备停电，当不能明确故障线路或位置时，检查开关或熔断器时，应采用电压测量法，检查时用万用表测量开关或熔断器的两端，如图 6-22 所示。有电压的则为故障电路，无电压的则为无故障电路。

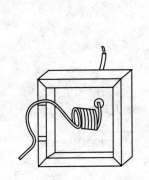

图 6-21　接线盒内的导线处理

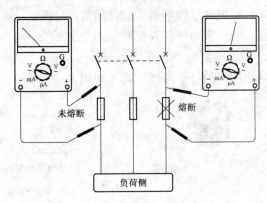

图 6-22　熔断器检查方法

3. 检修开（断）路的方法

整个楼的灯不亮，断路的地方一般在配电板或总干线上。先用测电笔测相线熔丝盒内电源进线接线柱是否有电。若熔丝盒上没有电，而电源进线有电，这是配电板发生了故障，应检查刀开关是否断路，电能表是否损坏。若熔丝盒上有电，则是室内总干线上发生了断路或接触不良。重点应检查胶布包裹的接头处，然后再细心检查线芯有无断裂的痕迹。

（1）部分灯具不亮的检修方法。此故障一般是分支电路断路引起的。检查时，可以从分支电路与总干线接头处开始，逐段检查，直到第一个用电器的接头处。方法与检查总干线断路的方法一样。

（2）某一灯具不亮的检修方法。某一灯具不亮的故障，用测电笔检查比较方便。方法是将测电笔分别检查装上灯泡的灯头两接线柱，如果测电笔都不亮，是这盏灯相线开路或接触不良；若在两个接线柱上测电笔都发光，是这盏灯中性线断开或接触不良；如果只有一个接线柱发光，则为灯丝断了、灯头内部接触不良或灯泡与灯头接触不良。

（3）发光不正常的检修方法。白炽灯常见故障是灯光暗淡和灯光闪烁。若整个住宅灯光都暗淡，可能是电源电压太低，或者是有漏电的地方。若灯光闪烁，可能是电压波动，开关、灯头接触不好，也可能是总干线、配电板等地方有跳火现象。如果是个别灯具灯光暗淡，可能是该灯泡陈旧。

4. 检修故障电路时防止短路的方法

照明电路是采用并联连接的，所以室内电路中任何一个地方短路，均会熔断熔丝或断路器跳闸。对于短路故障，应将所有用电器插头拔下来，切断电源开关，拔下相线上的熔丝盒盖，然后把一个 100W 的灯泡串联在电路中，如图 6 - 23 所示。接通电源，若灯泡正常发光，说明总干线或各开关以前的分支线路有短路或漏电现象。这时可以仔细寻找短路点或漏电点。若灯泡不发光，说明电路没有短路或漏电现象。然后将用电器逐个恢复通电状态，灯将会逐渐发红，但远不到灯泡正常亮度。如果在

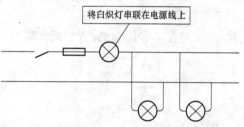

图 6 - 23　检查短路的方法

接入某个用电器时灯泡突然接近正常的亮度，说明该用电器内部或它与干线连接的部分电路有短路现象。这时可切断电源细心检修。用灯泡检查短路故障是因为将灯泡串联接入熔丝盒两端头之间时，灯泡即串联进了照明总电路。若电路没有短路现象，灯泡与其他用电器串联，由于串联电路电压的分配与电阻成正比，灯泡两端的电压小于额定电压，故不能正常发光，只能发红甚至不亮。若线路中发生短路时，其他用电器电阻几乎为零，分压也近乎为零，全部电源电压都在灯泡上，灯泡便正常发光。

第二节　动力线路设计与安装

电能表是用来测量电能的仪表，俗称电度表、火表、千瓦时表。常用的有单相有功电能表和三相有功电能表。图 6 - 24 所示是现在常用的电能表。有功电能表的单位是 kWh（俗称度），在数值上表示用电器工作 1h 所消耗的电能。

一、电能表的接线

1. 单相直入式有功电能表

单相直入式有功电能表，是用以计量单相电器消耗电能的仪表，单相电能表可以分为感应式和电子式两种。目前，家庭使用的多数是感应式单相电能表，直入式电能表是将电源线直接串入电源线中，负荷电流流经电能表，常用额定电流有 2.5、5、10、15、20A 等规格。

单相电能表的规格号有多种，常用的有

图 6 - 24　常用的电能表

（a）三相四线有功电能表；（b）电子式单相电能表

DD862、DD90、DDS、DDSF 等，图 6-25 所示为单相直入式有功电能表接线原理图，图 6-26 所示为单相直入式有功电能表实物接线示意图。

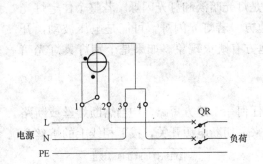

图 6-25　单相直入式用功电能表接线原理图

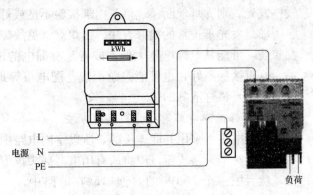

图 6-26　单相直入式有功电能表实物接线示意图

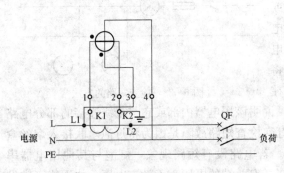

图 6-27　单相有功电能表经电流互感器
接线原理图

单相电能表常见的接线形式为交叉式接线，也叫跳入式接线，图 6-25 中 1、3 端为进线，2、4 端为出线，接线柱 1 要接相线（俗称火线），3 接中性线（N 线），不可以反相接线。

2. 单相有功电能表经电流互感器接线

当单相负荷电流过大，没有适当的直入式有功电能表可满足其要求时，应当采用经电流互感器接线的计量方式。图 6-27 所示是单相有功电能表经电流互感器接线

原理图，接线示意如图 6-28 所示。

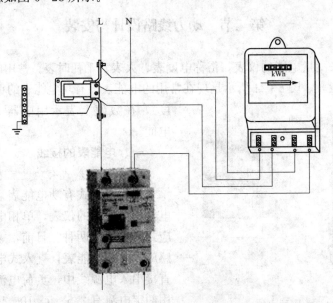

图 6-28　单相有功电能表经电流互感器接线示意图

3. 直入式三相四线有功电能表做有功电量接线

三相有功电能表主要应用于企事业单位的用电系统电能计量，根据负荷的大小有直入式接线和经电流互感器接线两种。用电系统的三相电能表有 DS 型和 DT 型，DS 型适用于三相三线对称或不对称负载做有功电量的计量，DT 型可对三相四线对称或不对称负载做有功电量的计量。

图 6 - 29 所示是三相四线（DT）直入式接线负荷电流不大于 60A 的用电系统，图 6 - 30 所示是三相四线（DT）直入式接线示意图。

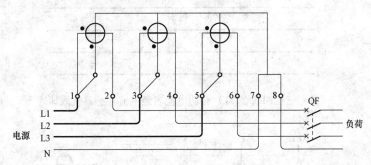

图 6 - 29　直入式三相四线（DT）有功电能表接线原理图

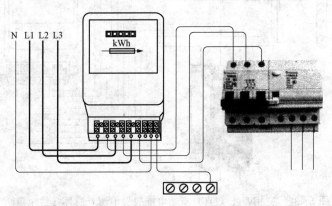

图 6 - 30　直入式三相四线（DT）有功电能表接线示意图

4. 三相四线有功电能表经电流互感器接线

三相有功电能表经电流互感器接线主要应用于企事业单位用电量很大的系统电能计量，根据负荷的大小配选合适的电流互感器，图 6 - 31 所示是三相四线（DT）有功电能表经电流互感器接线原理图，图 6 - 32 所示是三相四线（DT）有功电能表经电流互感器接线示意图。

5. 三相三线电能表对三相三线负荷做有功电量计量

三相三线电能表接线原理图如图 6 - 33 所示，三相三线电能表接线示意图如图 6 - 34 所示。

6. 三相三线有功电能表经电流互感器对三相三线负荷做有功电量计量

三相三线有功电能表经电流互感器接线原理图如图 6 - 35 所示，三相三线有功电能表经电流互感器接线示意图如图 6 - 36 所示。

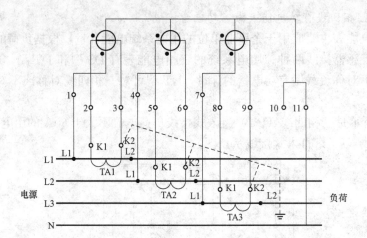

图 6-31 三相四线（DT）有功电能表经电流互感器接线原理图

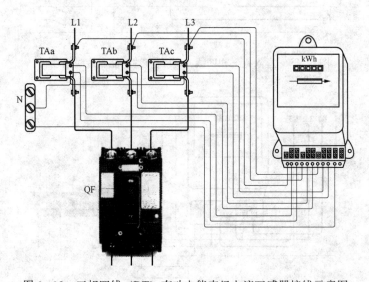

图 6-32 三相四线（DT）有功电能表经电流互感器接线示意图

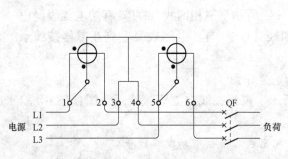

图 6-33 三相三线电能表接线原理图

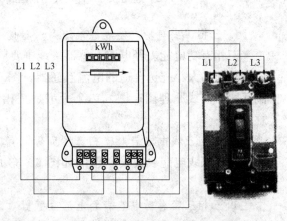

图 6-34 三相三线电能表接线示意图

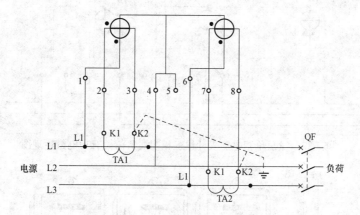

图 6-35　三相三线有功电能表经电流互感器接线原理图

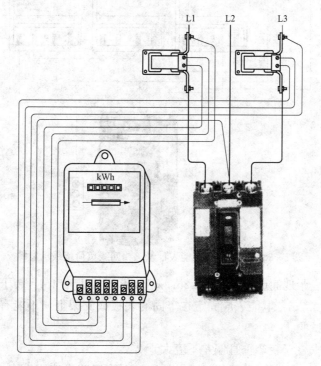

图 6-36　三相三线有功电能表经电流互感器接线示意图

7. 三只单相电能表计量三相四线负荷做有功电量

在三相四线系统中用三只单相直入式有功电能表计量有功电能的接线原理如图 6-37 所示，其选表原则及安装要求与安装直入式单相有功电能表相同，只是中性线是三只电能表串联，不应单独接中性线，如图 6-38 所示。

二、电能表应用注意事项

1. 电能表的安装要求

（1）注意电能表的工作环境。电能表应安装在清洁、干燥的场所，周围不能有腐蚀性或可燃性气体，不能有大量的灰尘，不能靠近强磁场，与热力管线应保持 0.5m 以上的距离，环境温度应为 0~40℃。

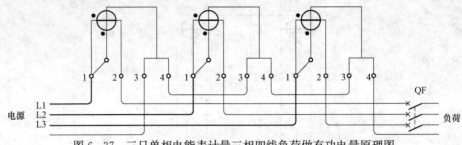

图 6-37　三只单相电能表计量三相四线负荷做有功电量原理图

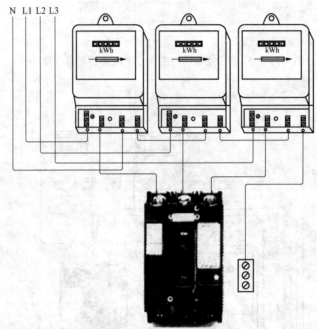

图 6-38　三只单相电能表计量三相四线负荷接线示意图

（2）明装电能表距地面应为 1.8～2.2m，暗装不应低于 1.4m。装于立式盘和成套开关柜中时，不应低于 0.7m。电能表应固定在牢固的表板或支架上，不能有振动。安装位置应便于抄表、检查、试验。

（3）电能表应垂直安装，垂直偏差不应大于 2°。

（4）电能表配合电流互感器使用时，电能表的电流回路应选用不小于 2.5mm² 的独股绝缘铜芯导线，中间不能有接头，不能装设开关与熔断器。所有压接螺钉要拧紧，导线端头要有清楚而明显的编号。电流互感器二次绕组的一端（K2）要接地，电压回路应选不小于 1.5mm² 的独股绝缘铜芯导线。

2. 直入式电能表选表原则

（1）电能表的额定电压应与电源电压相适应。

（2）电能表的额定电流应等于或略大于负荷电流。

有些表实际使用电流可达额定电流的两倍（俗称二倍表）；或可达额定电流的四倍（俗称四倍表）。例如，表盘上标示"10（20）A"就是二倍表，虽然它的额定电流为 10A，但是可以长期使用到 20A；表盘上标示"5（20）A"，就是四倍表，虽然它的额定电流为 5A，但是可长期使用到 20A。

3. 配电流互感器电能表的选表及选电流互感器的原则

（1）电能表的额定电压应与额定电源电压相适应。

（2）电能表的额定电流应是 5A 的。

（3）电流互感器应使用 LQG-0.5 型电流互感器，精度不应低于 0.5 级。电流互感器的一次额定电流，应等于或略大于负荷电流。例如，负荷电流为 80A，可使用 LQG-0.5 型电流比为 100/5 的电流互感器。

4. 电能表使用时的注意事项

（1）用户发现电能表有异常现象时，不得私自拆卸，必须通知有关部门做处理。

（2）保持电能表的清洁，表上不得挂物品，不得经常低于电能表额定值的 10% 以下工作，否则应更换容量相适宜的电能表。

（3）电能表正常工作时，由于电磁感应的作用，有时会发出轻微的"嗡嗡"响声，这是正常现象。

（4）如果发现所有电器都不用电时，表中铝盘仍在转动，应拆下电能表的出线端。如果铝盘随即停止转动，或转动几圈后停止，表明室内电路有漏电故障；若铝盘仍转动不止，则表明电能表本身有故障。

（5）转盘转动的快慢跟用户用电量的多少成正比，但不同规格的电能表，尽管用电量相同，转动的快慢也不同。或者说虽然规格相同、用电量相同，但电能表的型号不同，转动的快慢也可能不同，所以单纯从转盘转动的快慢来证明电能表准不准是不确切的。

5. 电能表用电量的计算

（1）直入式电能表用电量的计算

$$用电量＝本月电能表读数－上月电能表读数$$

例：某电能表本月读数为 2568，上月读数为 2397，用电量是多少？

$$用电量＝2568－2397＝171（kWh）$$

（2）配电流互感器电能表用电量的计算

$$用电量＝（本月电能表读数－上月电能表读数）×电流互感器电流比$$

例：某电能表本月读数为 568，上月读数为 239，电流互感器电流比为 100/5，用电量是多少？

$$用电量＝（568－239）×20＝6580（kWh）$$

（3）配电流互感器和电压互感器电能表用电量的计算

$$用电量＝（本月电能表读数－上月电能表读数）×电流互感器电流比×电压互感器电压比$$

例：某电能表本月读数为 458，上月读数为 449，电流互感器电流比为 100/5，电压互感器电压比为 10/0.1，用电量是多少？

$$用电量＝（458－449）×20×100＝18000（kWh）$$

（4）三支单相电能表计量三相四线负荷用电量的计算

$$用电量＝A 相用电量＋B 相用电量＋C 相用电量$$

例：某单位电能表 A 相用电量为 124kWh，B 相用电量为 156kWh，C 相用电量为 149kWh，总用电量是多少？

$$总用电量＝124＋156＋149＝429（kWh）$$

第七章 电气故障检修

第一节 电气故障的特点

一、电气故障的特点

电气故障是指由于各种原因使电气线路或电气设备损坏或不能正常工作，其电气功能丧失的故障。

1. 损坏性故障和预告性故障

损坏性故障是指电气线路或电气设备已经损坏的严重故障，如灯泡的灯丝烧断，灯泡完全不发光；电动机绕组断线，电动机完全不能转动等。对于这类故障，只有通过修复或更换，并且排除造成电气线路或电气设备损坏的各种原因后，故障才能排除。

有些故障，如灯泡亮度下降、电动机温升偏高等，设备尚未损坏，还可短时继续使用，称为预告性故障。但长此下去，将影响设备的正常使用，甚至演变成损坏性故障。

2. 使用故障和性能故障

某些电气故障，虽然对电气线路或电气设备本身影响不大，但不能满足使用要求，称为使用故障。例如，发电机发出的电压偏低、频率偏低等，对发电机本身影响不大，但不能满足外部对电压和频率的要求，然而又是发电机本身原因所造成的故障。

有些故障虽不影响使用要求，但对电气线路或电气设备本身有一定影响或对电气线路或电气设备性能有一定影响，称为性能故障。例如，变压器空载损耗增加，说明变压器内部铁芯存在某些故障，从而降低了变压器的性能，并使变压器发热增加。但从外部使用来看，只要变压器输出电压正常，就不影响正常使用。

3. 内部故障和外部故障

有些电气故障是由于电气线路或电气设备内部因素造成的，如电磁力、电弧、发热等，使设备结构损坏、绝缘材料绝缘击穿等，称为内部故障。有些是由外部因素造成的，如电源电压、频率、三相不平衡、外力及环境条件等，使电气线路或电气设备形成故障，称为外部故障。

4. 显性故障和隐性故障

显性故障是指故障部位有明显的外表特征，容易被人发现，如继电器和接触器线圈过热、冒烟、发出焦味、触点烧熔、接头松脱、电器声音异常、振动过大、移动不灵、转动不活等。

隐性故障是指故障没有外表特征，不易被人发现。如熔断器熔体熔断、绝缘导线内部断裂、热继电器整定值调整不当、触点通断不同步等。隐性故障由于没有外表特征，常需花费较多的时间和精力去分析和查找。不管故障原因多么复杂，故障部位多么隐蔽，只要采取正确的方法和步骤，就一定能"快"且"准"地找出并排除故障。

第二节　电气故障检修的一般步骤、技巧和方法

一、电气故障检修的一般步骤

1. 观察和调查故障现象

电气故障现象是多种多样的。例如，同一类故障可能有不同的故障现象，不同类故障可能有同种故障现象，这种故障现象的同一性和多样性，给查找故障带来复杂性。但是，故障现象是检修电气故障的基本依据，是电气故障检修的起点，因而要对故障现象进行仔细观察、分析，找出故障现象中最主要的、最典型的方面，搞清故障发生的时间、地点、环境等。

2. 分析故障原因——初步确定故障范围、缩小故障部位

根据故障现象分析故障原因是电气故障检修的关键。分析的基础是电工电子基本理论，是对电气设备的构造、原理、性能的充分理解，是电工电子基本理论与故障实际的结合。某一电气故障产生的原因可能很多，重要的是在众多原因中找出最主要的原因。

3. 确定故障的部位——判断故障点

确定故障部位是电气故障检修的最终目的和结果。确定故障部位可理解成确定设备的故障点，如短路点、损坏的元器件等，也可理解成确定某些运行参数的变异，如电压波动、三相不平衡等。确定故障部位是在对故障现象进行周密的考察和细致分析的基础上进行的。在这一过程中，往往要采用下面将要介绍的多种手段和方法。

在完成上述工作过程中，实践经验的积累起着重要的作用。

二、电气故障检修技巧

(1) 熟悉电路原理，确定检修方案：当一台设备的电气系统发生故障时，不要急于动手拆卸，首先要了解该电气设备产生故障的现象、经过、范围、原因，熟悉该设备及电气系统的基本工作原理，分析各个具体电路，弄清电路中各级之间的相互联系以及信号在电路中的来龙去脉，结合实际经验，经过周密思考，确定一个科学的检修方案。

(2) 先机械，后电路：电气设备都以电气—机械原理为基础，特别是机电一体化的先进设备，机械和电子在功能上有机配合，是一个整体的两个部分。往往机械部件出现故障，影响电气系统，许多电气部件的功能就不起作用。因此不要被表面现象迷惑，电气系统出现故障并不全部都是电气本身问题，有可能是机械部件发生故障所造成的。因此先检修机械系统所产生的故障，再排除电气部分的故障，往往会收到事半功倍的效果。

(3) 先简单，后复杂：检修故障要先用最简单易行、自己最拿手的方法去处理，再用复杂、精确的方法。排除故障时，先排除直观、显而易见、简单常见的故障，后排除难度较高、没有处理过的疑难故障。

(4) 先检修通病、后攻疑难杂症：电气设备经常容易产生相同类型的故障就是"通病"。由于通病比较常见，积累的经验较丰富，因此可快速排除，这样就可以有时间集中精力排除比较少见、难度高的疑难杂症，简化步骤，缩小范围，提高检修速度。

(5) 先外部调试、后内部处理：外部是指暴露在电气设备外壳或密封件外部的各种开关、按钮、插口及指示灯。内部是指在电气设备外壳或密封件内部的印制电路板、元器件及各种连接导线。先外部调试，后内部处理，就是在不拆卸电气设备的情况下，利用电气设备

面板上的开关、旋钮、按钮等调试检查，缩小故障范围。首先排除外部部件引起的故障，再检修机内的故障，尽量避免不必要的拆卸。

（6）先不通电测量，后通电测试：首先在不通电的情况下，对电气设备进行检修；然后再在通电情况下，对电气设备进行检修。对许多发生故障的电气设备检修时，不能立即通电，否则会人为扩大故障范围，烧毁更多的元器件，造成不应有的损失。因此，在故障机通电前，先进行电阻测量，采取必要的措施后，方能通电检修。

（7）先公用电路、后专用电路：任何电气系统的公用电路出故障，其能量、信息就无法传送、分配到各具体专用电路，专用电路的功能就不起作用。如一个电气设备的电源出现故障，整个系统就无法正常运转，向各种专用电路传递的能量、信息就不可能实现。因此遵循先公用电路、后专用电路的顺序，就能快速、准确地排除电气设备的故障。

（8）总结经验，提高效率：电气设备出现的故障五花八门、千奇百怪。任何一台有故障的电气设备检修完，应该把故障现象、原因、检修经过、技巧、心得记录在专用笔记本上，学习掌握各种新型电气设备的机电理论知识、熟悉其工作原理、积累维修经验，将自己的经验上升为理论。在理论指导下，具体故障具体分析，才能准确、迅速地排除故障。

三、电气故障检修的一般方法

电气故障检修，主要的是理论联系实际，根据具体故障做具体分析，但也必须掌握一些基本的检修方法。

1. 直观法

通过"问、看、听、摸、闻"来发现异常情况，从而找出故障电路和故障所在部位。

（1）问：向现场操作人员了解故障发生前后的情况。如故障发生前是否过载、频繁启动和停止；故障发生时是否有异常声音和振动，有没有冒烟、冒火等现象。

（2）看：仔细察看各种电器元件的外观变化情况。如看触点是否烧融、氧化，熔断器熔体熔断指示器是否跳出，热继电器是否脱扣，导线和线圈是否烧焦，热继电器整定值是否合适，瞬时动作整定电流是否符合要求等。

（3）听：主要听有关电器在故障发生前后声音有否差异。如听电动机启动时是否只"嗡嗡"响而不转；接触器线圈得电后是否噪声很大等。

（4）摸：故障发生后，断开电源，用手触摸或轻轻推拉导线及电器的某些部位，以察觉异常变化。如摸电动机、自耦变压器和电磁线圈表面，感觉温度是否过高；轻拉导线，看连接是否松动；轻推电器活动机构，看移动是否灵活等。

（5）闻：故障出现后，断开电源，将鼻子靠近电动机、自耦变压器、继电器、接触器、绝缘导线等处，闻闻是否有焦味。如有焦味，则表明电器绝缘层已被烧坏，主要原因则是过载、短路或三相电流严重不平衡等故障所造成。

2. 状态分析法

发生故障时，根据电气设备所处的状态进行分析的方法，称为状态分析法。电气设备的运行过程可以分解成若干个连续的阶段，这些阶段也可称为状态。任何电气设备都处在一定的状态下工作，如电动机工作过程可以分解成启动、运转、正转、反转、高速、低速、制动、停止等工作状态。电气故障总是发生于某一状态，而在这一状态中，各种元件又处于什么状态，这正是分析故障的重要依据。例如，电动机启动时，哪些元件工作，哪些触点闭合等，因而检修电动机启动故障时只需注意这些元件的工作状态。

状态划分得越细，对检修电气故障越有利。对一种设备或装置，其中的部件和零件可能处于不同的运行状态，查找其中的电气故障时必须将各种运行状态区分清楚。以图7-1所示的电气装置为例，各部件虽然只有工作和不工作、接通和断开两种工作状态，但到底处于何种状态，必须进行具体分析。交流接触器KM1控制交流接触器KM2的吸合线圈，而交流接触器KM1的工作状态由按钮SB1、SB2控制。SB2断开，KM1断开，但SB2闭合，KM1不一定闭合；SB1闭合，KM1工作，但SB1再断开，KM1由其自身的辅助触点自锁而不会断开。

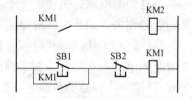

图7-1 开关QF跳闸控制电路

KM1、KM2—交流接触器；SB1、SB2—按钮

这是一种通过对设备或装置中各元件、部件、组件工作状态进行分析，查找电气故障的方法。

3. 图形变换法

电气图是用以描述电气装置的构成、原理、功能，提供装接和使用维修信息的工具。检修电气故障，常常需要将实物和电气图对照进行。然而，电气图种类繁多，因此需要从故障检修方便出发，将一种形式的图变换成另一种形式的图。其中最常用的是将设备布置接线图变换成电路图，将集中式布置电路图变换成为分开式布置电路图。

设备布置接线图是一种按设备大致形状和相对位置画成的图，这种图主要用于设备的安装和接线，对检修电气故障也十分有用。但从这种图上，不易看出设备和装置的工作原理及工作过程，而了解其工作原理和工作过程是检修电气故障的基础，对检修电气故障是至关重要的，因此需要将设备布置接线图变换成电路图，电路图主要描述设备和装置的电气工作原理。

4. 单元分割法

一个复杂的电气装置通常是由若干个功能相对独立的单元构成。检修电气故障时，可将这些单元分割开来，然后根据故障现象，将故障范围限制于其中一个或几个单元。这种方法被称为单元分割法。经过单元分割后，查找电气故障就比较方便了。

图7-2 电气设备分割框图

如由继电器、接触器、按钮等组成的断续控制电路，可分为三个单元，简化为图7-2所示框图。以电动机控制电路为例，前级命令单元由启动按钮、停止按钮、热继电器保护触点等组成；中间单元由交流接触器和热继电器组成；后级执行单元为电动机。若电动机不转动，先检查控制箱内的部件，按下启动按钮，看交流接触器是否吸合。如果吸合，则故障在中间单元与后级执行单元之间（即在交流接触器与电动机之间），检查是否缺相、断线或电动机有毛病等；如果接触器不吸合，则故障在前级命令单元与中间单元之间（即故障在控制电路部分）。这样，以中间单元为分界，可把整个电路一分为二，以判断故障是在前一半电路还是在后一半电路，是在控制电路部分还是主电路部分。这样可节约时间，提高工作效率，特别是对于较复杂的电气线路，效果更为明显。

综上所述，对于目前工业生产中电气设备的故障，基本上全都可以某中间单元（环节）的元器件为基准，向前或向后一分为二地检修电气设备的故障；在第一次一分为二地确定故障所在的前段或后段以后，仍可再一分为二地确定故障所在段。这样能较快寻找发生故障点，有利于提高维修工作效率，达到事半功倍的效果。

5. 回路分割法

一个复杂的电路总是由若干个回路构成，每个回路都具有特定的功能，电气故障就意味着某功能的丧失，因此电气故障也总是发生在某个或某几个回路中。将回路分割，实际上简化了电路，缩小了故障查找范围。回路就是闭合的电路，它通常应包括电源和负载。例如图7-3所示的电动机正反转控制电路的辅助电路，可分割成两个主要的回路，回路电源均为交流380V。第一个回路的负载是正转接触器 KM1 的线圈，第二个回路的负载是反转接触器 KM2 的线圈。

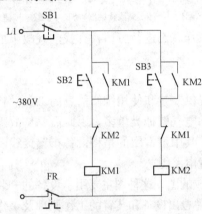

图 7-3　电动机正反转控制电路的
辅助电路

分割了回路，查找故障就比较方便了。例如该装置正转工作正常，则主要从反转回路查找，检查该回路元件 SB3、KM1 的联锁触点，KM2 的线圈及其连接线是否有断路点等故障。

6. 类比法和替换法

当对故障设备的特性、工作状态等不十分了解时，可采用与同类完好设备进行比较，即通过与同类非故障设备的特性、工作状态等进行比较，从而确定设备故障的原因，称为类比法。例如，一个线圈是否存在匝间短路，可通过测量线圈的直流电阻来判定，但直流电阻多大才是完好的却无法判别。这时可以与一个同类型且完好的线圈的直流电阻值进行比较来判别。

再如，某电容式单相交流异步电动机出现了不能启动的故障，单相电容式电动机由两个绕组构成，一是启动绕组（Z1-Z2），二是运转绕组（U1-U2），还有一个主要元件是电容器 C，参与电动机的启动和运转。因此电动机不能启动运转的最大可能性，一是电容 C 损坏（短路或断线）或容量严重变小；二是电动机两绕组损坏。由于对这一电容和电动机的具体参数一时无法查找，只有借助另一同类型或相近的电动机及电容的有关参数，对两者加以比较，以确定其故障的原因。

替换法即用完好的电器替换可疑电器，以确定故障原因和故障部位。例如，某装置中的一个电容是否损坏（电容值变化）无法判别，可以用一个同类型的完好的电容器替换，如果设备恢复正常，则故障部位就是这个电容。用于替换的电器应与原电器的规格、型号一致，且导线连接应正确、牢固，以免发生新的故障。

7. 推理分析法

推理法是根据电气设备出现的故障现象，由表及里、寻根溯源、层层分析和推理的方法。

电气装置中各组成部分和功能都有其内在的联系，例如连接顺序、动作顺序、电流流向、电压分配等都有其特定的规律，因而某一部件、组件、元器件的故障必然影响其他部分，表现出特有的故障现象。在分析电气故障时，常常需要从这一故障联系到对其他部分的影响或由某一故障现象找出故障的根源。这一过程就是逻辑推理过程，即推理分析法，它又分为顺推理法和逆推理法。顺推理法一般是根据故障设备，从电源、控制设备及电路，一一分析和查找的方法。逆推理法则采用相反的程序推理，即由故障设备倒推至控制设备及电路、电源等，从而确定故障的方法。

8. 测量法

即用电气仪表测量某些电参数的大小，经与正常的数值对比，来确定故障部位和故障原因。

（1）测量电压法：用万用表交流 SOOV 挡测量电源、主电路电压以及各接触器和继电器线圈、各控制回路两端的电压。若发现所测处电压与额定电压不相符（超过 10%），则为故障可疑处。

（2）测量电流法：用钳形电流表或交流电流表测量主电路及有关控制回路的工作电流。若所测电流值与设计电流值不相符（超过 10%），则该电路为故障可疑处。

（3）测量电阻法：断开电源，用万用表欧姆挡测量有关部位的电阻值。若所测电阻值与要求的电阻值相差较大，则该部位极有可能就是故障点。一般来讲，触点接通时，电阻值趋近于"0"，断开时电阻值为"∞"；导线连接牢靠时连接处的接触电阻也趋于"0"，连接处松脱时，电阻值则为"∞"；各种绕组（或线圈）的直流电阻值也很小，往往只有几欧姆至几百欧姆，而断开后的电阻值为"∞"。

（4）测量绝缘电阻法：即断开电源，用绝缘电阻表测量电器元件和线路对地以及相间绝缘电阻值。电器绝缘层绝缘电阻规定不得小于 $0.5M\Omega$。绝缘电阻值过小，是造成相线与地、相线与相线、相线与中性线之间漏电和短路的主要原因，若发现这种情况，应着重予以检查。

9. 简化分析法

组成电气装置的部件、元器件，虽然都是必需的，但从不同的角度去分析，总可以划分出主要的部件、元器件和次要的部件、元器件。分析电气故障就要根据具体情况，注重分析主要的、核心的、本质的部件及元器件。这种方法称为简化分析法。例如，荧光灯的并联电容器，主要用于提高荧光灯负载的功率因数，它对荧光灯的工作状态影响不大。如果分析荧光灯电路故障，就可将电容器简化掉，然后再进行分析。又例如，某电动机正转运行正常，反转不能工作。分析这一故障时，就可将正转有关的控制部分删去，简化成只有反转控制的电路再进行故障分析。

10. 试探分析法（再现故障法）

在确保设备安全的情况下，可以通过一些试探的方法确定故障部位。例如通电试探或强行使某继电器动作等，以发现和确定故障的部位。即接通电源，按下启动按钮，让故障现象再次出现，以找出故障所在。再现故障时，主要观察有关继电器和接触器是否按控制顺序动作，若发现某一个电器的工作有误，则说明该电器所在回路或相关回路有故障，再对此回路做进一步检查，便可发现故障原因和故障点。

11. 菜单法

菜单法根据故障现象和特征，将可能引起这种故障的各种原因顺序罗列出来，然后一个个地查找和验证，直到判断出真正的故障原因和故障部位。该方法最适合初学者使用。

以上方法可单用，也可合用，应根据不同的故障特点灵活选择和运用。

第三节　电气控制系统的故障检修

一、电气故障检修步骤

1. 电气故障调查

电气设备出现故障，首先应向电气设备操作者详细了解发生故障前的情况，使维修人员能更准确地判断故障可能发生的部位，以便迅速排除故障。

(1) 故障发生在开动前、开动后，还是运行中；是运行中自动停止，还是在出现异常情况后由操作者停下来的。

(2) 发生故障时，电气设备处于什么工作状态，按了哪个按钮，扳动了哪个开关。

(3) 故障发生前后有何异常现象（如声音、臭气、弧光等）。

(4) 以前有无类似故障发生过，是如何处理的。

(5) 在听取故障介绍时，要正确地分析判断是机械故障还是液压故障，是电气故障还是综合故障。

2. 电路分析

根据调查情况，参照电气控制电路图及有关技术说明书，结合故障现象进行电路分析判断，初步估计可能产生故障的部位，是主电路还是控制电路，是交流电路还是直流电路，确定故障性质，逐步缩小故障范围，以便迅速查出故障点并加以排除。

对于复杂的机床电气电路，可将复杂电路分成若干单元，以便分析，并正确判断出故障点。

3. 断电检查

检查前首先将电气设备电源断开，必要时取下动力配电箱内的熔断器，在确保安全的情况下，根据不同性质的故障及可能产生故障的部位，有所侧重地进行检查。

(1) 检查电源线进口处有无损伤，而造成电源接地、短路等现象。

(2) 熔断器熔体有无烧损痕迹。

(3) 检查配线、电气元件有无明显变形损坏或过热、烧焦或变色而出现臭味。

(4) 限位开关、继电保护、热继电器是否动作。

(5) 断路器、接触器、继电器等的可动部分的动作是否灵活。

(6) 可调电阻的滑动触点、电刷支架是否有窜动而离开原位。

(7) 导线连接是否良好，接头有无松动或脱落。

(8) 对故障部分的导线、元件、电动机等可用万用表进行通断检查。

(9) 用绝缘电阻表检查电动机、控制电路的绝缘电阻，通常应不小于 $0.5M\Omega$。

4. 通电检查

如果断电检查仍不能找到故障原因，可对电气设备进行通电检查。

(1) 断开电动机电源，只向控制电路供电，操作按钮或开关，检查控制电路上的接触器、继电器等动作是否正常。如果动作正常，说明故障在主电路；如果不动作或动作不正常，说明故障在控制电路。应进一步找出原因，确定故障点，并进行排除。

(2) 使用万用表、钳形电流表等测量电压、电流等工作参数，将测量结果与正常值进行比较，从中分析故障原因，并进行排除。

(3) 对复杂的电气设备，可将电路划分为若干单元，并对每个单元认真地进行检查，以防止故障点被漏掉。

(4) 断开全部开关，取下各熔断器，再按顺序，逐一插入需要检查部位的熔断器，合上开关，观察有无冒烟、冒火，熔断器熔体熔断等现象，然后再观察各电气元件是否能按要求的顺序动作。

(5) 机床的正常运行，是由电气电路和机械系统互相协调配合实现的。机床出现停止运行故障时，不一定都是电气原因，也有可能是机械问题造成的。因此，必要时应与机修人员共同进行检修。

二、故障检修方法

1. 试电笔法

试电笔检修断路故障的方法如图 7-4 所示。按下按钮 SB2，用试电笔依次测试 1、2、3、4、5、6 各点，测量到哪一点试电笔不亮即为断路处。

测试注意事项：

（1）当测量一端接地的 220V 电路时，要从电源侧开始，依次测量，且注意观察试电笔的亮度，防止因外部电场、泄漏电流引起氖泡发亮，而误认为电路没有断路。

（2）当检查 380V 并有变压器的控制电路中的熔断器是否熔断时，要防止由于电源电压通过另一相熔断器和变压器的一次线圈回到已熔断的熔断器的出线端，造成熔断器未熔断的假象。

2. 校灯法

校灯检查断路故障的方法如图 7-5 所示。检修时将校灯一端接在 0 线上；另一端依次按 1、2、3、4、5、6 次序逐点测试，并按下按钮 SB2，若将校灯接到 2 号线上，校灯亮，而接到 3 号线上，校灯不亮，说明按钮 SB1（2-3）断路。

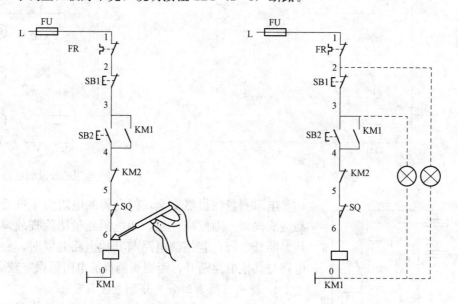

图 7-4　试电笔检修断路故障　　　　图 7-5　校灯法检修断路故障

检修注意事项：

（1）用校灯检修断路故障时，要注意灯泡的额定电压与被测电压应相适应。如被测电压过高，灯泡易烧坏；如电压过低，灯泡不亮。一般检查 220V 电路时，用一只 220V 灯泡；若检查 380V 电路时，可用两只 220V 灯泡串联。

（2）用校灯检查故障时，要注意灯泡的功率，一般查找断路故障时使用小容量（10～60W）的灯泡为宜；查找接触不良而引起的故障时，要用较大功率（150～200W）的灯泡，这样就能根据灯的亮、暗程度来分析故障。

3. 使用万用表的电阻测量法

（1）分阶测量法：电阻的分阶测量法如图 7-6 所示。按下 SB2，KM1 不吸合，说明电路有断路故障。首先断开电源，然后按下 SB2 不放，用万用表的电阻挡测量 1-7 两点间（或线号间）的电阻，若电阻为无穷大，说明 1-7 间电路断路。然后分阶测量 1-2、1-3、1-4、1-5、1-6 各两点间的电阻值。若某两点间的电阻值为 0Ω，说明电路正常；如测量到某两点间的电阻值为无穷大，说明该触点或连接导线有断路故障。

（2）分段测量法：电阻的分段测量法如图 7-7 所示。检查时，先断开电源，按下 SB2，然后依次逐段测量相邻两线号 1-2、2-3、3-4、4-5、5-6 间的电阻。若测量某两线号的电阻为无穷大，说明该触点或连接导线有断路故障。如测量 2-3 两线号间的电阻为无穷大，说明按钮 SB1 或连接 SB1 的导线有断路故障。

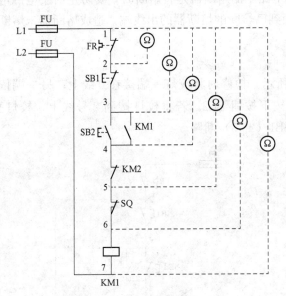

图 7-6　电阻的分阶测量法

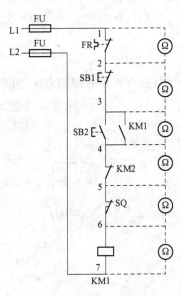

图 7-7　电阻的分段测量法

电阻测量法虽然安全，但测得的电阻值不准确时，容易造成误判。因此应注意，用电阻测量法检查故障时，必须要断开电源；若被测电路与其他电路并联时，必须将该电路与其他电路断开，否则所测得的电阻值误差较大。

4. 使用万用表的分段分阶电压测量法

分段分阶电压测量法如图 7-8 所示，检查时将万用表的选择开关置于交流电压 500V 挡位上。

（1）对控制电路进行分段：若按下启动按钮 SB2，接触器 KM1 不吸合，说明控制电路有故障，这时可把控制电路分成 Ⅰ、Ⅱ、Ⅲ 3 个段，如图 7-8 所示。

（2）分段测量确定故障范围：首先用万用表测量 U_{1-7}（即 1、7 两点电压，以下表示方法意思类似）是否等于 380V，若不等于 380V，说明电源部分有故障，则应排除

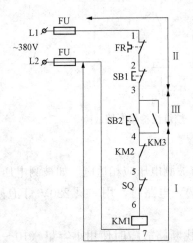

图 7-8　分段分阶电压测量法

电源部分故障，以保证控制电路两端电源电压正常；然后对Ⅰ、Ⅱ两段电路进行测量，来确定分段电路中哪一段存在故障（即确定故障范围），具体测量步骤如图 7-9 所示。

（3）分阶测量确定故障点：确定故障范围后，接下来就是寻找故障点，即在确定的故障范围内找出故障点。现假设工段电路中有故障，则具体测量步骤如图 7-10 所示。

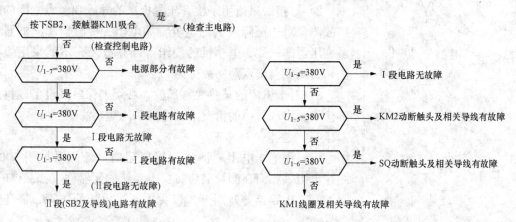

图 7-9 分段测量确定故障范围的步骤　　图 7-10 分阶测量确定故障点的步骤

若Ⅱ段电路有故障，则分别测量 U_{7-3} 和 U_{7-2}，即可找出故障点。在此特别值得指出的是，参考点（1、7 两点）不能搞错，否则不能排除故障。

实践证明，采用分段分阶法来排除电路故障，不但能提高初学者排除故障速度，而且也便于初学者记忆和掌握，具有较强的实用性。另外，在用分阶法确定故障点时，还可以把测量步骤分得细一些（4、5、6 号点可分别测量 2 次），这样可区分出故障点是在元件上还是在导线上，从而使得测量过程更完整、清晰。

5. 短接法

短接法是利用一根绝缘导线，将所怀疑断路的部位短接。在短接过程中，若电路被接通，则说明该处断路。

（1）局部短接法：局部短接法如图 7-11 所示。按下 SB2 时，KM1 不吸合，说明该电路有断路故障。检查时，可先用万用表电压挡测量 1-7 两点间的电压值，如电压正常，可按下 SB2 不放，然后用一根绝缘导线，分别短接 1-2、2-3、3-4、4-5、5-6，当短接到某两点时，接触器 KM1 吸合，说明断路故障就在该两点间。

（2）长短接法：长短接法如图 7-12 所示，长短接法是指一次短接两个或多个触点来查断路故障的一种方法。当热继电器 FR 的动断触点和按钮 SB1 的动断触点同时接触不良，若用上述局部短接法短接 1-2 两点，按下 SB2，KM1 仍然不会吸合，就可能会造成误判。而采用长短接法将 1-6 短接，若 KM1 吸合，说明 1-6 两点间有断路故障，然后再短接 1-3 和 3-6，当短接 1-3 时，按下 SB2 后 KM1 吸合，说明故障在 1-3 两点之间，再用局部短接法短接 1-2 和 2-3，很快就能将断路故障

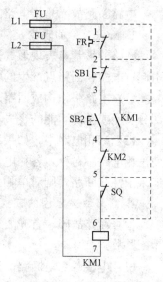

图 7-11 局部短接法

找到。

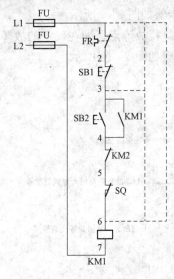

图 7-12　长短接法

使用短接法注意事项：

1）由于短接法是用手拿着绝缘导线带电操作，因此一定要注意安全，以免发生触电事故。

2）短接法只适用于检查压降极小的导线和触点之间的断路故障。对于压降较大的电器，如电阻、接触器和继电器以及变压器的线圈、电动机的绕组等断路故障，不能采用短接法，否则就会出现短路故障。

3）对于机床的某些要害部位，必须确保电气设备或机械部位不会出现故障的情况下，才能采用短接法。

6. 检查电路注意事项

（1）用绝缘电阻表测量绝缘电阻时，低压系统用 500V 绝缘电阻表，而在测量前应将弱电系统的元器件（如晶体管、晶闸管、电容器等）断开，以免由于过电压而击穿、损坏元器件。

（2）检查时若需拆开电动机或电气元件接线端子，应在拆开处两端标上标号，不要凭记忆记标号，以免出现差错。断开线头要做通电试验时，应检查有无接地、短路或人体接触的可能，尽量用绝缘胶布临时包上，以防止发生意外事故。

（3）更换熔断器熔体时，要按规定容量更换，不准用铜丝或铁丝代替，在故障未排除前，尽可能临时换上规格较小的熔体，以防止故障范围扩大。

（4）当电动机、电动机扩大机、磁放大器、继电器及继电保护装置等需要重新调整时，一定要熟悉调整方法、步骤，应达到规定的技术参数，并做好记录，供下次调整时参考。

（5）检查完毕后，应先清理现场，恢复所有拆开的端子线头、熔断器，以及开关手把、行程开关的正常工作位置，再按规定的方法、步骤进行试车。

三、断路故障的检修

电路断路故障是指电路的某一个回路非正常断开，使电流不能在回路中流通的故障。

1. 断路故障的现象及其危害

断路的最基本表现形式是回路不通。如断线、电接触不良等，在某些情况下，断路还会引起过电压，断路点产生的电弧还可能造成电气火灾和爆炸事故。

（1）电路必须构成回路才能正常工作。电路中某一个回路断路，往往会造成电气装置的部分功能或全部功能的丧失（不能工作）。

（2）三相电路中，如果发生一相断路故障，可能使电动机因缺相运行而被烧毁；还可能使三相电路不对称，各相电压发生变化，使其中的某相电压升高，造成故障。三相电路中，如果中性线断路，则对单相负荷影响更大。

2. 断路故障原因的查找

检修断路故障，首先要确定断路故障的大致范围，即在哪段电路，在哪些情况下容易发生断路故障。

（1）电接触点是断路故障的多发点：在电路中，除了开关触点等电接触点由于接触不良容易造成断路故障外，电路中的其他电接触点也容易发生断路故障。

1）导线相互连接点：无论是采用绞接、压接、焊接、螺栓连接等任何一种连接方式的导线连接点，都是断路故障的多发点。

2）导线受力点：在外力或反复作用力的作用下，也容易发生断路故障。

3）铜铝过渡点：在电化学腐蚀下，最容易造成接触不良，产生断路故障。

（2）虚接点和虚焊点造成断路故障：形似接触实际上并未接触的连接点称为虚接点，如为焊接连接则为虚焊点。用电烙铁焊接的连接点，若电烙铁温度偏低、焊丝未完全熔化或松香过多又未完全熔化，都可能造成虚焊点。这种虚接点和虚焊点，肉眼不能分辨，只有借用仪器才能检测出。

（3）灰尘也能造成断路故障：某接触器线圈得电吸合非常正常，但却不能接通电路，经检查是接触器触点上沾了一层灰尘，造成触点接触不良，类似这种因灰尘、油污、锈迹等造成的电路断路故障也是常见的。

3. 检修断路故障的方法

首先应根据故障现象判断出属于断路故障，再根据可能发生断路故障的部位确定断路故障的范围和断路回路，然后利用检测工具，找出断路点。

（1）电压法：电路断开，电路中没有电流通过，电路中各种降压元件已不再有电压降落，电源电压全部降落在断路点两端。因而可通过测量断路点的电压判断出断路故障点。

图 7-13 所示的简单电路，电源电压为直流 100V，通过动合触点 QF1 和动断触点 QF2、QF3、QF4 对电磁线圈 Y 进行控制。检测仪表为通用型万用表，选择直流电压 250V 挡位（大于或等于 100V 的挡位即可）。假定电路在 A 处存在断路故障点，当动合触点 QF1 人为闭合（或采用导线短接）后，电磁线圈 Y 仍不能工作。将万用表红表笔与电源"＋"极相连，黑表笔与电源"－"极相连，万用表指示应为 100V，然后，移动黑表笔，依次与端点 1、2、3、4、5、6、7、8 相连，若万用表指示也为 100V，则说明这些点至电源"－"极的电路无断路故障。当黑表笔移动至端点 9 时，万用表指示为零，则断路故障就在 8-9 之间。这时，如果再测量 8-9 间的电压，必与电源电压相等，进而可判断该电路只有 A 处一个断路故障点。

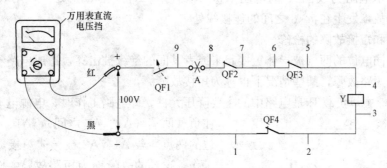

图 7-13 电压法查找电路故障

（2）电位法：电路出现断路故障，断路点两端电位不等，断路点一端的电位与电源一端的电位相同，断路点另一端的电位与电源另一端的电位相同，因而可以通过测量电路中各点电位判断断路点。也可以用试电笔测量（显示）电路中各点的电位来判断断路故障。

图 7-14 所示电路的电压为单相交流 220V，当动合触点 QF1 闭合时，在正常情况下，电路中有电流通过，忽略导线的阻抗，电源电压将全部降落在电磁线圈 Y 的两端，即电源

线 L 至电磁线圈 Y 的一端 6 为高电位，用试电笔测量这段线路上的各点，试电笔应显示高电位，即试电笔应亮；而中性线 N 至电磁线圈 Y 的另一端 7 的这段线路则为低电位（为零），试电笔应不发亮。

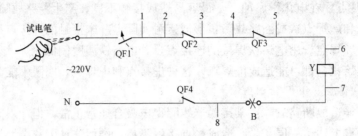

图 7-14　电位法查找电路故障

假定 B 点发生断路故障，查找该断路点的步骤是：短接动合触点 QF1，送上交流电源 220V，用试电笔检测电源 L 点电位，试电笔应发亮。然后依次检测电路中 1～8 各点电位。若 7 点为高位（试电笔亮），而移至 8 点时，试电笔不亮，则 7-8 线段间有断路故障点。

显然，电位法主要适宜于一根相线（高电位线）和一根中性线（低电位线）的单相交流电路。对于直流电路也可采用，因为试电笔检测正、负极时，正极比负极明亮一些。

（3）电阻法：电路出现断路故障后，断路点两端电阻为无穷大，而其他各段的电阻近似为零，负载两端的电阻则为某一定值。因此，可以通过测量电路各线段电阻值来查找断路点。检测电阻值一般采用万用表欧姆（Ω）挡。以图 7-12 为例，假定电路在 B 点发生断路故障，查找的步骤：

断开电源。将万用表置于欧姆挡，且一般选择 R×10Ω 或 R×1Ω 挡，而不要选择 R×1kΩ 以上的高阻挡，以免发生误差。将万用表一表笔接于电路中的 L 点，手持另一表笔，将其接于 1 点，由于电源 L 和 1 之间为一动合触点，应手动将其闭合后再断开，观察表头指示，以检验此触点是否正常。再将动合触点 QF1 短接，然后依次将表笔接于 2～8。在 7 点处，万用表指示电阻为线圈 Y 的电阻 R_Y，即 $R_{1-7}=R_Y$。在 8 点处，万用表指示电阻为"∞"，则断路故障发生在 7-8 之间的连接线处。

四、短路和短接故障的检修

电路中不同电位的两点被导体短接起来或者其间的绝缘被击穿，造成电路不能正常工作的故障，称为短路故障，某些情况下也称为短接故障。

在图 7-15 中，负载 R 是电路中的主要降压元件，即电路工作时，电源电动势主要降落

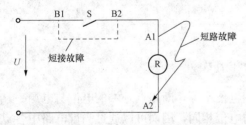

图 7-15　短路和短接故障

在负载两端（A1、A2 之间），A1、A2 是不等电位的两点，若 A1、A2 被导体短接，则电路不能工作，这样的故障称为短路故障。图中，开关 S 断开时，B1 和 B2 两点为不同电位；开关 S 闭合时，B1 和 B2 两点为等电位。如果 B1、B2 之间被导体短接，将造成电路不能断开的故障，这种故障通常称为短接故障。

短路是最常见的电路故障，其危害性最大，由此而引发的其他电气故障也最多。在电路中，主要降压元件是负载（如电热器、电动机、线圈等），也就是说，电路正常工作时，负

载两端的电位差最大，因而，负载两端短路是最严重的短路故障。

1. 金属性短路、非金属性短路和短接故障

（1）不同电位的两个金属导体直接相接或被金属电线短接，称为金属性短路。金属性短路时，短路点电阻为零，因而短路电流很大。在图 7 - 16（a）中，由于发生金属性短路，回路中的电阻只有导线电阻 $R(0.1\Omega)$，则短路电流为 2200A。

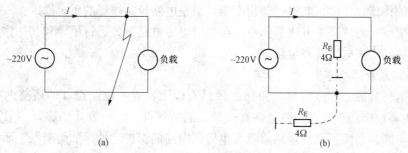

图 7 - 16　金属性短路和非金属性短路

(a) 金属性短路；(b) 非金属性短路

（2）若不同电位的两点不是直接相接，而经过一定的电阻相接，则称为非金属性短路。非金属性短路时，短路点电阻不为零，因而短路电流不及金属性短路大，但持续时间可能很长，在某些情况下，这种故障危害性更大。图 7 - 16（b），为两处接地而构成的经过两个接地电阻的非金属性短路示意图。假定接地电阻 R_E 均为 4Ω，则短路电流为 27.5A。这个电流可能还不足以使断路器跳闸、熔断器熔体熔断，短路故障的长期存在会造成更大的危险。

（3）短接故障：电路中的按钮、开关、继电器触点、熔断器等，是对电路通断进行手动或自动控制的元件。电路工作时，这些元件均处于闭合状态，元件两端电位相同；当其中某一元件断开时，断开元件两端电位不同。因此，这些元件两端如果被短接，实际上属于短路故障，其影响也是很大的。

2. 短路故障的危害

发生短路故障后，电路的阻抗比正常运行时电路的阻抗小得多，因此短路电流比正常工作电流要大几十倍，甚至几百倍。在高电压下，电路中的短路电流可达数千万安培，从而将对电路中的导线、开关及其他元件造成很大的危害，还会影响其他电路的正常工作。

（1）短路电流的电动力效应：在供电系统中，强大的短路电流，特别是冲击电流，使相邻导体间产生巨大的电动力。这种电动力可能使母线弯曲变形，使母线固定件损坏，也可能使刀开关相邻刀片变形，造成开关损坏。

（2）短路电流的热效应：短路电流的热效应具有最严重的危害。短路电流在导体中产生的热量，全部用来使导体的温度升高。导体温度升高，使导体机械强度下降，使触点金属熔化，小截面导线烧断，形成电路断路。在高温下，电路中的传导元件，如开关触点、硅整流器件等将烧毁或造成热击穿。短路时的高温使导体的绝缘材料等燃烧，进而引燃导体周围的易燃物，造成火灾。

（3）短路电流的电压降效应：强大的短路电流流过导线时，在导线阻抗上产生电压降落，从而使电网电压下降。

3. 短路故障原因

产生短路故障的基本原因是不同电位的导体之间的绝缘击穿或者相互短接。

（1）绝缘击穿：电路中不同电位的导体是相互绝缘的，如果这种绝缘被损坏，就会发生短路故障。

（2）导线相接：两条不等电位的导线短接，这种短接可能是外力作用，也可能是人为的误操作所造成。例如，导线摆动，使两相导线相碰；树枝使导线短接；临时短接线未拆，造成严重短路；线头不包扎，使导线短接；插座未上盖，导线被短接。

（3）动物作祟：鸟类、老鼠等动物作祟，也是电路短路故障的重要原因。

（4）在架空电力线路下方违章作业：在架空电力电路下方进行吊装和其他作业，不按规定操作，也容易造成电力线路短路。

4. 检修短路故障的方法

从检修电气故障方面来考虑，短路故障具有以下特点：短路点（即短路两端）的电阻（或阻抗）为零或接近于零；短路电路具有很大的破坏性，一旦发生短路，一般不能再直接通电检查，与断路故障不同。短路故障发生后，电路的保护元件（如熔断器、断路器等）动作，而保护元件可能控制多个回路组成的区域，因而查找电气短路故障，必须先从故障区域找出故障回路，然后再在故障回路中找到短路故障点。

（1）短路故障回路的查找：万用表法是在电路断电后，用万用表欧姆挡（电阻挡）测定短路回路电阻的方法。以图 7-17 为例，假定熔断器 FU 的熔体熔断，说明该熔断器保护的区域发生短路故障，这个故障区域包括 1～3 三个回路和干线。在断开电源的情况下，将熔断器 FU 的熔体接好，将万用表置于欧姆挡"R×10Ω 或 R×1Ω"挡，不要置于倍数大的欧姆挡，以免因为人体电阻等造成读数错误，接于 L、N 端，且断开 S1、S2、S3，使各回路断开。

若万用表指示电阻为零，说明短路故障发生在干线上，如图 7-17（a）所示。若万用表指示电阻为"∞"或很大，则短路故障发生在 1～3 的某个回路中。依次合上开关 S1、S2、S3。若合上 S1、S2 时，万用表指示电阻为某一确定值，合上 S3 时，万用表指示电阻为零，则说明故障点在第 3 回路中，如图 7-17（b）所示。

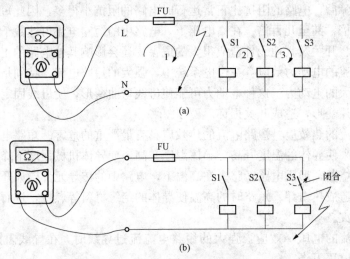

图 7-17　用万用表查找短路故障

(a) 短路故障在干线上；(b) 短路故障在第三回路

（2）短路故障点的查找：查找到短路故障支路后，还要继续确定故障点的具体部位。短路故障点必然是回路中降压元件（如灯泡、电压型线圈、电动机绕组、电阻等负载）的两端或内部。以图7-18所示的电路为例，查找该回路短路故障点的方法是断开降压元件R（图中为灯泡）的一端，用万用表电阻挡测量1-2之间（即降压元件两端）的电阻。若电阻为零，说明短路点在此负载内部；若电阻为某一数值，说明负载内部完好，短路点在负载设备外部。

若短路点在外部，再测量1-3点间的电阻。若阻值为零，则短路故障在3号导线至1号导线间。断开这些线段的某些点依次测量，可找到确定的短路故障点。

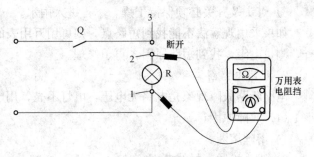

图7-18　短路故障点的查找方法

五、电路接地故障的检修

电路中的某点非正常接地所形成的故障，称为接地故障。接地故障有单相接地故障，两相或三相接地故障。对于中性点接地系统的单相接地，实际上构成了单相短路故障。对于中性点不接地的单相接地，将使三相对地电压发生严重变化，从而造成电气绝缘击穿故障等。

在电路中，该接地的没有接地或因其他原因破坏了这个接地，都属于电气故障。从本质上讲，电路接地故障就是电路对地的绝缘损坏，使电路对地的绝缘电阻大大降低，甚至为零。因此查找电路接地故障，只要测量电路对地的绝缘电阻即可，当此绝缘电阻很低时，则只要测量其间的电阻即可。因而查找电路接地故障可以用绝缘电阻表进行测量，也可以用万用表电阻挡进行测量。

第四节　电气照明设备的故障检修

一、照明线路、开关常见故障原因及处理方法

照明线路可能发生的故障很多，归纳起来主要有短路、断路和漏电。

1. 照明电路短路

电路短路故障现象是电流很大，熔丝迅速熔断电路被切断。如果熔丝太粗不能熔断，则会烧毁导线，甚至会引起火灾。

（1）故障原因。

1）接线错误，相线与中性线相碰接。

2）绝缘导线的绝缘层损坏，在破损处碰线或接地。

3）用电器具接线不好，接线相碰，或不用插头，直接将导线插入插座内，造成混线短路。

4）用电器具内部损坏，导线碰到金属外壳上。

5）灯头内部损坏，金属片相碰短路。

6）房屋失修或漏水，造成线头脱后相碰或接地。

7）灯头进水等。

（2）故障查找方法。如果熔丝连续熔断，切不可用金属丝或粗熔丝代替，必须找到短路点，排除短路故障之后才可送电。

1）如果同一线路中，只要某一灯一开便发生短路故障，则应检查故障段电路。

2）检查重点为灯头、电源插头及用电器具的接线端头。

3）禁止直接用导线插入插座，导线接头处应包扎好，金属不得裸露出来。

4）换掉损坏了的灯头、开关和接线。

5）灯头及开关必须保持干燥，不得进入雨水。

如果采用观察法不能找到短路点，则可用万用表的欧姆挡在断电情况下进行电路分割检查，测量电阻，找到短路原因，再予修理。

2. 照明电路断路

电路断路故障现象是电路无电压，电灯不亮，用电器具不能工作。

（1）故障原因。

1）熔丝熔断。

2）线头松脱，导线断。

3）开关损坏，不能将电路接通。

4）铝线端头腐蚀严重等。

（2）故障查找方法。如果同一线路中的其他灯泡都明亮，只一个灯泡不亮，则为此一段电路故障，应检查灯丝、灯头及开关，多为灯丝烧断。对于日光灯应检查镇流器和启动器。如果同一线路中的所有灯泡均不亮，就检查熔丝是否熔断及有无电源电压。熔丝熔断，要注意线路中有无短路故障，如果熔丝没断而相线上无电压，则应检查前一级熔丝是否烧断。

3. 照明电路漏电

电路漏电故障现象是用电度数比平时增加、建筑物带电、电线发热。

发生漏电必须把电路里的灯泡和其他用电器全部卸下，合上总开关，观察电能表的铅盘是不是在转动。如果仍在转动（要观察一圈），这时可拉下总开关，观察铅盘是否继续转动。如果铅盘在转动，说明电能表有问题，应检修；铅盘不转动，则说明电路里漏电，铅盘转得越快，漏电越严重。

（1）故障原因。电路漏电的原因很多，检查时应先从灯头、挂线盒、开关、插座等处着手。如果这几处都不漏电，再检查电线，并应着重检查以下几处：

1）电线连接处。

2）电线穿墙处。

3）电线转弯处。

4）电线脱落处。

5）双根电线绞合处。

检查结果，如果只发现一、二处漏电，只要把漏电的电线、用电器或电气装置修好或换上新的就可以了；如果发现多处漏电，并且电线绝缘全部变硬发脆，木台、木槽板多半绝缘不好，那就要全部换新的。

（2）故障处理方法。线路漏电不但浪费电力会危害人身安全，所以对线路应定期检查，排除漏电故障。

可测量绝缘电阻，检查绝缘情况。应先从灯头、开关、插座等处查起，然后进一步检查电线。对于穿墙、转弯、交叉、绞合及容易腐蚀和潮湿地方，要特别注意检查。更换漏电的设备和导线，除掉线路上的灰尘污物。

4. 照明电路燃烧事故

(1) 事故原因。引起电路燃烧的原因主要有以下三点：

1) 电线和电气装置因受潮而绝缘不好，引起严重的漏电事故。

2) 电线和电气装置发生短路，而熔丝太粗，不能起保险作用。

3) 一条电路里用电太多，而熔丝又失去了保险作用。

电路燃烧前，通常要发出橡胶或胶木的焦臭味，这时就应停电检修，不可继续使用。

(2) 事故处理方法。电路发生燃烧，首先采取断电措施，决不可见了火就用水浇或用灭火器去灭火。

断电的方法可根据电路燃烧的情况而定，如果是个别用电器燃烧，可关掉开关或拔下插头，停止使用这个用电器，然后进行检查；如果是整个电路发生燃烧，应立即拉下总开关，断开电源（如果总开关离得很远，可在离开燃烧处较远的地方用有绝缘柄的钢丝钳或木柄干燥的斧头把两根电线一先一后地切断。操作时，须用干燥的木板或木凳垫在脚下，使人体与大地绝缘）。当电源切断后，火势仍不熄灭，才可用水或灭火器灭火，但未切断电源的电路仍应避免受潮。

5. 灯头和开关常见故障原因及处理方法

(1) 灯头。螺旋口式灯头里有一块弹性铜片，这块铜片往往会因弹性不足而不能弹起。发现这种现象，要拉下总开关切断电源，再用套有绝缘管的小旋凿把铜片拔起。如果弹性的铜片表面有氧化层或污垢，应将其表面刮干净，否则，也会使灯泡不亮。

(2) 开关。扳动式开关里有两块有弹性的铜片，作为静触点，这两块铜片往往因使用日久而各弯向外侧。发现这种现象，可先拉下总开关切断电源，再用小旋凿把铜片弯向内侧。

拉线式开关的拉线往往会在拉线口处断裂。换线时可先拉下总开关切断电源，把残留在开关里的线拆除。接着用小旋凿把穿线孔拨到拉线口处，把剪成斜形的拉线尖端从拉线口穿入，穿过穿线孔后打一个结即成。

二、灯具故障查找方法

电气照明用电光源有白炽灯、荧光灯、碘钨灯、高压水银灯、钠灯、金属卤化物灯等。电气照明设备的故障常常表现为灯泡不亮、灯泡亮度降低、灯泡烧毁等。查找这些电气故障，首先应区分是个别灯泡故障还是大部分灯泡故障。如果为后者，主要应从照明电气线路及电源入手；如果为前者，则应从灯泡本身的故障入手。本节主要介绍灯泡本身故障的查找方法。

1. 白炽灯故障查找方法

(1) 灯泡不亮。从灯具本身考虑，灯泡不亮的故障可从以下几个方面去查找：

1) 灯丝烧断。白炽灯的正常使用寿命为 1000h 左右。使用时间长了，钨丝蒸发后沉积到泡壳上，泡壳变黑。灯泡不亮，灯丝烧断的可能性最大。

2) 电源至灯头及开关一段线路有断线的地方，可用试电笔逐一检查。

3) 开关、灯头接线不牢，或螺钉松动，处于似接未接的状态。

4) 灯泡与灯头接触不紧密。卡口灯多半是弹簧太松；卡口灯多半是弹片太向内，可以在断电后，用螺旋具向外拨一点。

（2）灯泡光色变暗。灯泡的亮暗程度是灯泡消耗功率的直接反映，而灯泡消耗的功率 $P=U^2/R$，其中，U 是加在灯泡两端的电压，只是灯泡的电阻 R 是一确定了的数值，所以，灯泡的亮暗程度主要取决于外加电压 U。电压降低 5%，功率约下降 10%，从电压高低出发，可以找到灯泡变暗的原因。

1）电源电压低。发电机或变压器输出线电压低于额定值 $400V$，因此，经过线路损失，加至灯泡两端的电压低于 $220V$。如属于这种情况，可适当提高电源电压，对变压器可适当改换分接头位置。

2）线路电压损失过多。流过灯泡的电流在线路的电阻上要产生一定的电压损失，显然，线路越长，导线截面积越小，负荷越大，其电压损失越大。据此，可根据具体情况采取适当的措施。

3）变压器高压侧一相断电。配电变压器高压侧如有一相断电，致使低压侧的某些相电压降低，使接在该相上的灯全部变暗。

4）线路接地。线路某相接地后，接地相电压明显降低，该相灯亦全部变暗。

（3）灯泡灯丝烧断。灯泡灯丝烧断除了由于灯泡使用寿命已到外，不正常的情况是由于灯泡消耗的功率超过了额定值，即灯泡两端的电压超过了额定值。主要原因如下：

1）灯泡额定电压与电源电压不符，如 $36V$ 的灯泡接到了 $220V$ 电源上，灯泡立即烧毁。

2）三相四线制的总中性线断了，负载较轻相的灯泡将首先烧毁。

3）一相接地，其余相的电压升高，也可能使灯烧毁。

2. 荧光灯故障查找方法

查找荧光灯故障时，应特别注意荧光灯的以下特性：

（1）电源电压对荧光灯工作特性的影响。电压升高，灯管电流增加，寿命大大缩短；电压降低，灯管不易启动，反复多次启动，也将使灯管寿命降低。

（2）环境温度对荧光灯工作特性的影响。环境温度升高，灯管内水银蒸气压力升高，有利于灯管内气体放电，便于启动，发光效率也提高；但过高的温度对灯管的使用寿命也有不利的影响。对常用的 $40.5mm$ 的灯管，环境温度为 $25℃$，温度为 $38\sim40℃$ 时，灯管的工作性能最好。

荧光灯的故障主要表现于灯管不能启辉、灯光闪烁不止、灯管不能熄灭等。

（1）灯管完全不发光。

1）电源断电。如熔丝熔断，线路断线等。

2）接触不良。一是灯管两端电极与灯座间接触不良，可转动一下灯管或扳动一下灯座；二是启辉器电极与其底座接触不良，可转动一下启辉器。

3）启辉器损坏。启辉器的正常工作程序是启辉 - 短接 - 断开 3 个环节。启辉可以明显地看到，短接与断开的简单检查方法为将启辉器取下，合上开关后，用一段导线短接其底座的两电极，经 $1\sim3s$ 后，迅速断开，如灯管能正常工作，说明原启辉器已损坏。

在实际使用中，经常发现启辉器不能正常工作，是由于其中的纸介质电容器受潮后击穿。如属于这种情况，可将电容器除去，启辉器还能正常工作，不过，启动时对无线电有所干扰。

可用一开关或按钮判断启辉器是否已损坏。如图 7 - 19 所示接线，先合开关 SA，再合开关 SB，待 $2\sim3s$ 后，断开 SB，如果灯管能正常工作，说明启辉器已损坏。

4）镇流器损坏。如果镇流器内部断线或短路，将使电路不通，或者不能感应一个适当的高压，因而灯管不能正常启动。

5）灯丝烧断。对于两端变黑的灯管，不能起燃的重要原因是灯丝已烧断，检查其是否烧断，只要用万用电表 R×1Ω 挡测量一下便知。

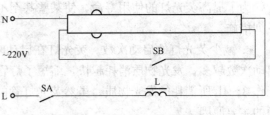

图 7-19　启辉器故障的判断方法

（2）灯管闪烁不止。有时我们发现电源接通以后，只见灯管闪烁不止，却不能进入正常工作；或者灯管两端启辉灯管不能全部启辉。产生这几种现象的主要原因如下：

1）电压太低。荧光灯一般应工作在额定电压±2.5%的波动范围内。由于灯管质量、新旧程度不同，电压太低（例如低于 180V），灯管将难以启辉，出现闪烁现象。如属于这种情况，在电压不能升高时，可以将镇流器适当换大一级，例如 30W 的灯管用 40W 的镇流器。

2）配用镇流器不合适。表 7-1 列出常用荧光灯的主要参数，灯管功率小的镇流器承受的工作电压高，灯管承受的工作电压低，因此，如果镇流器配小了，势必造成灯管两端的电压低，加之镇流器感应的电压也要低一些，将造成灯管不能正常启动，出现闪烁现象。不过，镇流器也不能配大了，否则会降低灯管的使用寿命。

表 7-1　　　　　　　　　　　常用荧光灯镇流器和灯管的电压分配

型号	额定电压（V）	功率（W）	镇流器电压（V）	灯管压降（V）
RR-15	220	15	202	52
RR-20	220	20	198	60
RR-30	220	30	182	95
RR-40	220	40	165	108

3）启辉器有故障。启辉器的双金属片短接后，如果不能断开，就会使灯管两端发光，不能正常工作。如果双金属片时断时闭，灯管就会出现闪烁现象。检查启辉器可按前述方法进行。

4）环境温度过低。荧光灯在正常运行时，灯管表面的温度约为 40℃，效果最佳，工作环境温度在 18～25℃时最适宜。如果环境温度过低，就会降低灯管的发光效率。当环境温度降到一定的程度（新旧灯管不同，启辉温度亦不同），一般来说在 0℃以下，启动就比较困难，出现闪烁现象；如果温度为−10℃，一般电压应升至 250V，才能正常启动。当温度过低，可用热手帕来回擦拭灯管，有助于启动。

5）环境湿度过高。周围环境的相对湿度对荧光灯的启动有一定的影响，如天气干燥，灯管表面电阻很高，有利于启动；天气潮湿，空气中的水分在灯管表面形成了一层潮湿的薄膜，相当于一个电阻跨接于灯管两极之间，降低了启动时加在灯管两极间的电压，不利于启动。由实验得知，环境相对湿度为 50%时，灯管启动最容易；相对湿度为 75%～80%时，需要的启动电压最高，启动最困难。为了克服启动困难这一缺点，可在灯管表面涂一层硅油。

6）灯管陈旧。如果灯管两端呈黑色，说明灯管灯丝已趋老化，启辉就比正常时困难，甚至出现闪烁的现象。

　　为了提高荧光灯的使用寿命，使某些甚至不能再用的灯管能继续使用，应当注意和采取下列措施。

　　a. 减少荧光灯的启动次数。荧光灯在启动时，其灯管所涂能发射电子的物质加速消耗，启动次数越多，发光物质消耗越快，缩短了灯管的使用寿命。灯管每启动一次，相当于正常工作3～4h所消耗的发光物质。虽然荧光灯管的质量有所提高，频繁的启动是荧光灯寿命缩短的主要原因。

　　b. 荧光灯使用一段时间后，应将灯管旋转180°，如图7-20所示。灯管起燃后，主要由A、B两点起发射电子的作用，A、B两点的温度较C、D两点高，发射电子的物质消耗快，旋转了180°，就能使C、D处于主要工作位置，可以提高灯管的使用寿命，同时也可克服灯管的闪烁现象。这也是检查灯管是否陈旧的一种方法。

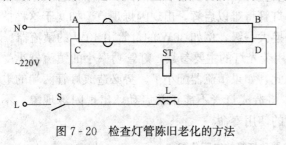

图7-20　检查灯管陈旧老化的方法

　　c. 提高启辉电压。对于陈旧老化的灯管，正常的启辉电压已不足以使其启辉，为此，可以采取提高启辉电压的方法。

　　7）初次使用出现闪烁。有个别灯管在第一次使用时，灯管起燃后，辉光在管内旋转，出现闪烁现象，这属于暂时现象，使用几次后便能正常。

　　8）灯管不能正常熄灭。荧光灯关掉后，灯管仍有微光，原因可能有以下几点：

　　a. 开关接在中性线上。

　　b. 开关漏电。

　　c. 新灯管的余辉现象。

　　若将开关接在中性线上，由于灯管与墙壁间有电容存在，在中性点接地的供电系统中，灯管会出现微光；若以手指触摸灯管，辉光可增强。这时只要将开关改接在相线上即可。

　　如接在相线上还有这种现象，则可能是开关漏电，不能完全切除电源。对于这种情况应立即修理，否则会影响灯管的使用寿命。

　　除此之外，在一些特殊情况下，灯管也会出现微光。如工作环境温度过高，荧光粉的余辉不能消失；灯管处在高频强磁场中，如大功率高频电台附近，灯管的荧光物质部分被激发而发光；大气静电场增强也可能使灯管发出微光。

参 考 文 献

[1] 王建. 实用电工手册. 北京：中国电力出版社，2013.

[2] 张斌. 电工仪表及测量. 北京：中国电力出版社，2011.

[3] 谢秀颖. 实用电工工具与电工材料速查手册. 北京：机械工业出版社，2012.

[4] 秦钟全. 图解低压电工上岗跟我学. 北京：机械工业出版社，2014.

[5] 陆运华. 图解电工技能实训. 北京：中国电力出版社，2011.

[6] 尹天文. 低压电器技术手册. 北京：机械工业出版社，2014.

[7] 王仁祥. 常用低压电器原理及其控制技术. 北京：机械工业出版社，2009.

[8] 倪远平. 现代低压电器及其控制技术. 重庆：重庆大学出版社，2003.

[9] 黄北刚. 低压三相电动机回路电器选择与控制电路详解. 北京：中国电力出版社，2010.

[10] 李响初. 实用电动机控制线路 200 例. 北京：中国电力出版社，2011.

[11] 黄北刚. 实用电工电路 300 例. 北京：中国电力出版社，2011.

[12] 王晋生. 电工进网作业手册. 北京：中国电力出版社，2003.

[13] 陈家斌. 常用电气设备故障查找方法及排除典型实例. 北京：中国电力出版社，2012.

[14] 郑凤翼. 电工电气线路与设备故障检修 600 例. 北京：人民邮电出版社，2001.